U0179068

超高层建筑关键施工技术应用与方案比选

金 振 著

机 械 工 业 出 版 社

本书通过对国内外大量知名的超高层建筑案例的横向对比分析，研究各类超高层建筑施工技术的特点和适用对象，为各类超高层建筑根据各自的工程特点与工期要求等选择合理的施工方案。通过技术方案的比较选择，衡量技术方案执行结果的经济状况，确保技术方案与经济因素相协调，用最小的成本、最优的方案支撑超高层建筑项目的施工，达到确保工程质量和安全、加快施工进度的目标，同时节省工程资源，提高工程科技含量，减少施工对环境的干扰，为各类超高层建筑的施工提供技术支撑。本书适合从事超高层建筑施工技术理论研究和工程实践的工程技术人员学习参考，也可供高等院校相关专业师生阅读学习。

图书在版编目（CIP）数据

超高层建筑关键施工技术应用与方案比选/金振著．—北京：机械工业出版社，2020. 8

ISBN 978-7-111-64946-5

Ⅰ. ①超…　Ⅱ. ①金…　Ⅲ. ①超高层建筑－工程施工－研究　Ⅳ. ①TU974

中国版本图书馆 CIP 数据核字（2020）第 035741 号

机械工业出版社（北京市百万庄大街 22 号　邮政编码 100037）
策划编辑：刘　晨　责任编辑：刘　晨
责任校对：刘时光　封面设计：马精明
责任印制：常天培
北京虎彩文化传播有限公司印刷
2020 年 8 月第 1 版第 1 次印刷
184mm×260mm・13. 25 印张・223 千字
标准书号：ISBN 978-7-111-64946-5
定价：69. 00 元

电话服务　　　　　　　网络服务
客服电话：010-88361066　机　工　官　网：www. cmpbook. com
　　　　　010-88379833　机　工　官　博：weibo. com/cmp1952
　　　　　010-68326294　金　书　网：www. golden-book. com
封底无防伪标均为盗版　机工教育服务网：www. cmpedu. com

序

随着经济的发展和科技的进步以及人类对于高空探索和土地资源的重视，超高层建筑得到了快速发展。目前超高层建筑的高度已经突破了 800m，正向 1000m 进发。我国对于超高层建筑的建造虽然起步较晚，但是后来居上，发展速度非常快，已经是世界超高层建筑发展速度最快的国家之一。世界已经建成的 28 幢 400m 以上的超高层建筑中有 15 幢在中国，占世界总数的 53.6%；世界已经建成的 150 幢 300m 以上的超高层建筑中有 73 幢在中国，占世界总数的 48.7%，我国超高层建筑的数量已经稳居世界第一，超高层建造的整体技术水平稳居世界前列。

我国已经建成与正在建设的 300m 以上的超高层建筑达到 159 项（包含构筑物达到172 项），超高层建筑的规模越来越大，超高层建筑的施工技术水平得到了快速的发展。由于超高层建筑的上部结构超高、地下结构超深、结构体系类别多、体系复杂，施工难度非常大，特别是 300m 以上的超高层建筑的施工难度更大，加上我国地缘广阔、地区间施工条件相差较大，因此对于超高层建筑的施工方法形成了百花齐放、丰富多彩的局面，但是每一种施工技术都有各自的特点和最优的适用条件。

本书对超高层建筑的关键施工技术进行横向比较与技术分析，对超高层建筑大型地下空间结构施工、软土地区超高层建筑深基坑支护、超高层建筑超厚大体积混凝土底板施工、超高层建筑超高混凝土输送、超高层建筑大型塔式起重机布置技术、超高层建筑模架选型与施工、超高层建筑施工流水节拍控制等进行研究，分析每一种超高层建筑关键施工技术的特点、适用范围以及对工程质量、安全、进度与经济效益的影响，为在实际施工时能够根据各类结构体系的特点和结构高度等因素采用相应适合的施工技术、充分发挥各项技术的特点提供借鉴和参考，以提高超高层建筑施工的经济效益和社会效益。

超高层建筑楼层多、高度高，推广超高层建筑工业化意义重大。在超高层建筑中结构体系采用钢结构或钢-混凝土混合结构，有利于建筑工业化的推广，如外框结构采用钢管混凝土柱结合钢－混凝土组合楼盖，RC内筒结构采用爬模、提模或顶模等新型模架体系，可大大提高施工的机械化程度。外墙装饰可采用带饰面和保温的轻质混凝土三合一预制挂板，采用玻璃幕墙时宜采用单元式玻璃幕墙，内隔断和吊顶可采用轻质材料，实现现场干作业，提高机械化程度，达到节能降耗、绿色环保、安装快捷的效果。内装饰施工可采用装修一体化技术，厨卫等管线密集部位可采用三维预制立体构件，做到装修安装一体化、整体化；机电设备安装中可推广预制组合立管等新技术。

目前超高层建筑有越建越高的趋势，但超高层建筑的发展与结构体系、新型材料、机械设备、施工技术等密切相关，我国超高层建筑的发展应朝着科学合理、节能环保、经济舒适、满足使用功能的方向发展，要符合我国的国情，不能一味求高求大，现阶段的建筑高度控制在300m左右较为经济合理，建筑高度宜随着科技的发展逐渐提高。

北京建工集团原总工

北京市政府专业顾问

国家特殊贡献专家　　　　　杨嗣信

清华大学兼职教授

中国建筑业协会原质量分会会长

目录
CONTENTS

第1章
超高层建筑概述

一个国家、一个城市发展到一定的程度，土地资源供应日趋紧张，一般建筑已经不能满足城市发展的需要，人类开始向高空索要生活与工作的空间，超高层建筑随着社会的发展、经济的繁荣和科技的进步应运而生并得到不断发展。

1.1 超高层建筑的发展历史

国际上把高度超过30层或100m的高楼称为超高层建筑。1972年在国际高层建筑会议上，提出了高层建筑的分类和定义，将40层以上或高度超100m的建筑物或构筑物称为超高层建筑。我国GB 50352—2019《民用建筑设计统一标准》将高度超过100m的住宅及公共建筑称为超高层建筑。

1.1.1 世界超高层建筑的发展历史

超高层建筑的发展大致经过了3个阶段，第1个阶段是19世纪末至20世纪中叶，第2个阶段是20世纪中叶至20世纪70年代，第3个阶段是20世纪80年代至今。

第1个阶段超高层建筑的发展主要集中在美国，在美国纽约和芝加哥出现了一大批超高层建筑，这一时期的超高层建筑以钢框架结构为主，主要的代表工程有1931年建成的高度381m的纽约帝国大厦（图1-1）。

第2个阶段随着钢筋混凝土结构的广泛应用，超高层建筑的结构体系开始百花齐放，框架剪力墙结构体系、框架核心筒结构体系、筒中筒结构体系、束筒结构体系、悬挂结构体系等新型结构体系得到广泛应用。超高层建筑的应用范围扩展到欧洲、亚洲等区域。典型代表工程有1973

图1-1 纽约帝国大厦

图1-2 迪拜哈利法塔

年落成的高度417m和415m的纽约世界贸易中心、1974年建成的高度442m的芝加哥西尔斯大厦、1976年建成的高度达到554m的多伦多塔，其中芝加哥西尔斯大厦保持世界最高建筑纪录的时间达到30年。

第3阶段随着高性能钢材、高强钢筋、高性能混凝土的广泛应用，超高层建筑形成了以钢结构与钢筋混凝土结构相结合的钢混结构体系，并逐步形成了以巨型结构为主的发展趋势，出现了一大批有代表性的超高层建筑。2010年建成的162层、高828m的迪拜哈利法塔（图1-2），成为全球最高建筑。

1.1.2 我国超高层建筑的发展历史

我国的超高层建筑起步较晚，1976年建成了我国第一座超高层建筑——广州白云宾馆，高度达到120m；1984年建成我国第一座超高层钢结构大厦——深圳发展中心大厦，高度达到165.3m。我国的超高层建筑虽然起步晚，但是发展速度相当快，1995年建成的东方明珠电视塔，高度达到468m，是当时中国第一、世界第三高塔；1996年建成了深圳"地王大厦"，高度达到384m，是当时亚洲第一高楼、世界第四高楼；1999年建成的上海金茂大厦高度达到420.5m（图1-3），是我国建成的第一座高度超过400m建筑物。特别是进入21世纪以后，我国超高层建筑的发展迎来了高峰期，上海环球金融中心、广州塔、广州周大福金融中心、上海中心大厦、中国尊（中信大厦）等一大批有影响力的标志性建筑拔地而起，2015年建成的上

图1-3 上海金茂大厦

海中心大厦，高度达到 632m，是中国第一高楼、世界第二高楼，实现了我国超高层建筑高度 600m 的突破，使我国超高层建筑施工技术水平跃上了新台阶。

1.2　超高层建筑的发展现状与趋势

超高层建筑的发展带动了整个建筑业的发展与进步，超高层建筑的发展与结构体系、施工技术、材料技术、设备技术等发展密切相关，而结构体系、施工技术的发展也与材料技术、设备技术密切相关。

1.2.1　结构体系的发展

对于结构设计来讲，根据经济、合理、安全、可靠的设计原则，按照建筑使用功能、建筑高度及拟建场地抗震设防烈度等选择相应的结构体系，超高层建筑常用的结构体系有框架结构体系、剪力墙结构体系、框架-剪力墙结构体系、框-筒结构体系、筒中筒结构体系、束筒结构体系等。根据理论和经验分析，40 层左右的超高层建筑，高度大约 150m，是超高层建筑设计的敏感高度，此时建筑物的超长尺度特性将引起建筑设计概念的变化，这种变化促使建筑师必须提出有效设计对策，调整设计观念，采用适宜的建筑技术。

20 世纪 90 年代以来，除上述结构体系得到广泛应用外，多筒体结构、带加强层的框架-筒体结构、连体结构、巨型结构、悬挑结构、错层结构等也逐渐在工程中应用。由于我国钢材产量的增加，钢结构、钢-混凝土混合结构逐渐采用，如金茂大厦、地王大厦都是钢-混凝土混合结构。此外，型钢混凝土结构和钢管混凝土结构在高层建筑中也得到广泛应用。高层建筑结构采用的混凝土强度等级不断提高，从 C30 逐步向 C60、C80 及更高的强度等级发展。预应力混凝土结构在超高层建筑的梁、板、柱结构中广泛应用，钢材的强度等级也不断提高，HRB400 级钢筋已经普遍采用，HRB500 级钢筋也开始应用，钢筋直径已经到了 36mm、40mm。高层和超高层建筑在结构设计中除采用钢筋混凝土结构（代号 RC）外，还采用型钢混凝土结构（代号 SRC）、钢管混凝土结构（代号 CFS）和全钢结构（代号 S 或 SS）。钢-混凝土混合结构充分利用了钢结构良好的抗拉性能与混凝土良好的抗压性能，将两者进行了科学地组合，具有良好的技术优势与经济效益。

在国内超高层建筑得到迅猛发展，超高层建筑按结构体系主要可以分为以下几类：第一类建筑采用"巨柱框架 + 核心筒 + 伸臂桁架"抗侧力结构体系；第二类建筑采用"钢框架 + 核心筒 + 伸臂桁架"结构体系；第三类建筑采用"钢框架 + 核心筒"或"钢柱混凝土框架 + 核心筒"结构体系；第四类建筑采用"钢筋混凝土框架 + 核心筒""钢筋混凝土筒中筒"或"束筒"结构体系。目前"束筒结构"采用较少，早期工程有美国西尔斯大厦（图 1-4），于1974 年落成，高度达到 443m，西尔斯大厦地上 108 层，地下 3 层，现在仍然是美国第一高楼。其他还有采用纯钢结构体系的超高层建

图 1-4   美国西尔斯大厦

筑，如高度达到 350m 的深圳汉京金融中心，由于纯钢结构体系存在防火性能差、造价高等缺点，目前国内的超高层建筑很少采用纯钢结构体系。随着超高层建筑结构高度的增加，结构高度 250m 以上的超高层建筑大多数采用钢 - 混凝土混合结构，结构高度 400m 以上的超高层建筑广泛采用巨型结构体系，巨型结构是利用外框的巨型柱、带状桁架和外立面的斜撑形成的空间桁架体系。巨型结构具有巨大的抗侧刚度和优越的整体工作性能，防风抗震性能良好，因此在超高层建筑中得到越来越广泛的应用。对于工期特别紧、主塔楼采用上下同步施工的全逆作法技术的超高层建筑不宜采用巨型结构，因为全逆作法施工时竖向支承体系的转换非常关键，巨型结构的外框巨柱由于断面尺寸大、重量超重，难以采用合适的结构进行外框巨柱的转换，所以采用上下同步施工的全逆作法技术的超高层建筑经常采用筒中筒结构等其他的结构形式，如采用"钢管混凝土密柱外框架 + 劲性混凝土核心筒结构"的南京青奥中心工程采用了全逆作法技术，大大加快了施工进度。

1.2.2 施工技术的发展

超高层建筑的发展离不开施工技术的发展，特别是高强高性能混凝土施工技术、巨型

钢构件在内的钢结构施工技术、钢-混凝土混合结构施工技术、基坑与地下室逆作施工技术、超高层不等高同步攀升施工技术、BIM 技术，还有超高压混凝土输送泵、大型动臂塔式起重机、超高速电梯、模架集成平台等机械设备的发展，都极大地提高了超高层建筑施工的效率，确保了超高层建筑的施工质量。

塔式起重机是解决超高层建筑吊装问题的重要设备，目前澳大利亚法福克 M1280D 塔式起重机的最大吊重达到了 100t，其最大起重幅度大于 60m，起重力矩达到 24500kN·m，更大的塔式起重机 M2480D 其最大起重量达到 330t。中昇建机（南京）重工有限公司生产的 ZSL3200 动臂式塔式起重机的最大起重量达到 100t，臂长可达到 65m，塔式起重机端部的起重量达到 35.3t。

超高压混凝土输送泵解决了超高层建筑混凝土垂直运输难题，哈利法塔已将 C80 高强混凝土一次性泵送到了 570m 的高空，创造了人类泵送 C80 高强混凝土的纪录。三一重工集团生产的 HBT9060CH-5M 型超高压混凝土输送泵出口压力可以达 58MPa，可以泵送到 1000m 的高度。

施工电梯得到高速发展，广州金龙和上海宝达等国内厂家生产的高速施工电梯均能满足一般超高层建筑施工的要求。特别是跃层施工电梯、单塔多笼循环运行施工电梯的出现大大提高了施工电梯的运输能力与运输效率。跃层施工电梯在中国尊等超高层建筑中得到应用，单塔多笼循环运行施工电梯在武汉中心等超高层建筑中得到应用，如图 1-5 是正在试运行的 137m 高的单塔多笼循环运行施工电梯。施工电梯与核心筒智能平台组合以后，施工电梯能够直达核心筒平台顶部。

我国的模架体系已经发展到了液压爬升模板体系、整体提升钢平台模板体系，再到整体顶升模板体系、交替支撑式整体钢平台、智能集成钢平台模

图 1-5 单塔多笼循环运行施工电梯

架体系。智能集成钢平台模架体系采用空间框架作为结构受力骨架，其承载能力达上千吨，可以抵御 14 级大风，智能集成钢平台集成了塔式起重机、材料堆场、机房、布料机、

消防水箱等，并且配备智能在线监控系统。智能集成钢平台大大改善了施工作业环境，提高了施工效率。

逆作法技术与顺逆结合施工技术得到长足发展，逆作法技术分为全逆作法技术和半逆作法技术，全逆作法技术的发展大大缩短了施工工期；顺逆结合施工技术又细分为"中顺边逆"和"主顺裙逆"等施工方法，一方面减小基坑变形对周围环境的影响、增加施工材料堆场，另一方面有效提高施工效率、加快主楼的施工速度。

由于超高层结构体系的多样性和复杂性，结构各构件间的内力与变形是动态的、复杂的，采用结构施工全过程仿真技术与健康监测技术有利于解决这一类问题，特别是高度达到400m以上采用钢-混凝土混合结构的超高层建筑中内筒与外框之间存在变形差。天津周大福金融中心外框柱竖向变形最大值为59.6mm，最大值发生在41层；核心筒剪力墙竖向变形最大值46.4mm，最大值发生在45层；外框柱与核心筒的最大竖向变形差为14.7mm，发生在结构中部部位。采用施工全过程模拟分析技术与健康监测技术就非常有必要，以确定内筒与外框之间的流水节拍，明确外框水平结构与内筒之间的连接方式与最后终控时间。

超高层建筑规模大、结构复杂、技术要求高，各参与方的组织协调难度大，因此超高层建筑施工的信息量巨大，通过BIM技术共享信息平台，达到设计可视化、组织协同化、施工模拟化，使各专业之间的数据智能同步，通过BIM技术实现精细化管理、智能化管理，使晦涩难懂的专业技术问题更明了，并达到降本增效的目的。

1.2.3 超高层建筑的发展趋势

在经济发展的大趋势下，超高层建筑的结构体系和施工技术得到快速发展，目前超高层建筑的高度已经突破800m，正向1000m进发，表1-1为世界已经建成的28幢400m以上超高层建筑统计表，如图1-6所示为正在设计中高度

图1-6 迪拜观光塔

超过1000m的迪拜观光塔。超高层建筑施工的技术含量越来越高，施工组织难度越来越大，因此也留给技术人员更多的技术发挥空间和创新实践机会。

表1-1 世界已经建成的400m以上超高层建筑统计

序号	建筑名称	城市	高度/m	层数	建成（年）
1	哈利法塔	迪拜	828	162	2010
2	上海中心大厦	上海	632	119	2015
3	麦加皇家钟塔饭店	麦加	601	120	2012
4	深圳平安金融中心	深圳	592.5	118	2017
5	乐天世界大厦	首尔	554.5	123	2017
6	世界贸易中心一号大楼	纽约	541.3	94	2014
7	广州周大福金融中心	广州	530	111	2016
8	天津周大福金融中心	天津	530	100	2019
9	中国尊	北京	528	108	2018
10	台北101大厦	台北	508	101	2004
11	上海环球金融中心	上海	492	101	2008
12	香港环球贸易广场	香港	484	118	2010
13	Vincom Landmark 81	胡志明市	461.3	81	2018
14	长沙IFS大厦T1	长沙	452.1	94	2018
15	吉隆坡石油双塔1	吉隆坡	451.9	88	1998
16	吉隆坡石油双塔2	吉隆坡	451.9	88	1998
17	紫峰大厦	南京	450	89	2010
18	威利斯大厦	芝加哥	442.1	108	1974
19	京基100	深圳	441.8	100	2011
20	广州国际金融中心	广州	440.75	103	2010
21	武汉中心大厦	武汉	438	88	2019
22	432 Park Avenue公寓	纽约	425.7	85	2015
23	Marina 101	迪拜	425	101	2017
24	特朗普国际酒店大厦	芝加哥	423.2	98	2009
25	金茂大厦	上海	420.5	88	1999
26	公主塔	迪拜	413.4	101	2012
27	阿尔哈姆拉塔	科威特市	412.6	80	2011
28	国际金融中心二期	香港	412	88	2003

注：表1-1参考 http://www.skyscrapercenter.com/buildings2019年10月数据。

我国已经建成的知名超高层建筑有上海中心大厦、深圳平安金融中心、广州周大福金融中心、天津周大福金融中心、中国尊、台北101大厦、香港环球贸易广场等工程，表1-2为我国已经建成的15幢400m以上超高层建筑的统计表，占世界已经建成的400m以上超高层建筑总数的53.6%。如图1-7所示是已经建成的高度达到632m的上海中心大厦，是我国已经建成的第一高楼、世界第二高楼；如图1-8所示是台北101大厦，台北101大厦是一座101层的大楼，是我国台湾地区第一高楼，高度达到508m；如图1-9所示为香港环球贸易广场，香港环球贸易广场是一座118层的综合性大楼，是我国香港地区第一高楼，实际高度为484m。

图1-7 上海中心大厦

图1-8 台北101大厦

图1-9 香港环球贸易广场

表 1-2 我国已经建成的 400m 以上超高层建筑统计

序号	建筑名称	城市	高度/m	层数	建成（年）
1	上海中心大厦	上海	632	119	2015
2	深圳平安金融中心	深圳	592.5	118	2017
3	广州周大福金融中心	广州	530	111	2016
4	天津周大福金融中心	天津	530	100	2019
5	中国尊	北京	528	108	2018
6	台北 101 大厦	台北	508	101	2004
7	上海环球金融中心	上海	492	101	2008
8	香港环球贸易广场	香港	484	118	2010
9	长沙 IFS 大厦 T1	长沙	452.1	94	2018
10	紫峰大厦	南京	450	89	2010
11	京基 100	深圳	441.8	100	2011
12	广州国际金融中心	广州	440.75	103	2010
13	武汉中心大厦	武汉	438	88	2019
14	金茂大厦	上海	420.5	88	1999
15	国际金融中心二期	香港	412	88	2003

注：表 1-2 参考 http：//www.skyscrapercenter.com/buildings2019 年 10 月数据。

由于我国的经济与科技快速发展，再加上我国是世界上的人口大国，土地资源紧张，合理利用土地、绿色发展是我国超高层建筑得到快速发展的一个重要原因。目前我国已经是世界上建筑业发展速度最快与最繁荣的国家之一，超高层建筑数量已经稳居世界第一，我国在建的 400m 以上超高层建筑数量达到 15 幢（表 1-3），在建的知名超高层建筑有武汉绿地中心、天津高银 117 大厦、恒大国际金融中心、成都绿地中心等工程，如图 1-10 所示是武汉绿地中心的效果图。世界在建的 400m 以上超高层建筑数量为 27 幢（表 1-4），我国在建的 400m 以上超高层建筑数量占全世界的 55.6%。随着经济的发展与科技的进步，我国的超高层建筑建造技术与桥梁建造技术、隧道建造技术等都得到了快速发展，超高

图 1-10 武汉绿地中心

层建筑建造技术总体水平达到了国际先进水平，许多建造技术达到了国际领先水平。

表1-3　我国在建的400m以上超高层建筑物统计

序号	建筑名称	城市	高度/m	层数	预计建成（年）
1	天津高银117大厦	天津	596.6	117	2020
2	沈阳宝能环球金融中心	沈阳	568	113	—
3	恒大国际金融中心	合肥	518	112	2021
4	武汉绿地中心	武汉	636	125	—
5	成都绿地中心	成都	468	101	2021
6	嘉陵帆影	重庆	458	99	2022
7	天山·世界之门27及28号地	石家庄	450	106	2025
8	苏州IFS	苏州	450	98	2019
9	摩天大楼中心	武汉	436	73	2020
10	重庆高塔	重庆	431	101	2022
11	绿地山东国际金融中心	济南	428	86	2022
12	东莞国际贸易中心1号	东莞	426.9	88	2020
13	东风广场地标大厦	昆明	407	100	2022
14	南宁华润中心东写字楼	南宁	403	85	2020
15	贵阳国际金融中心一号楼	贵阳	401	79	2020

注：表1-3参考http://www.skyscrapercenter.com/buildings2019年10月数据。

表1-4　世界在建的400m以上超高层建筑物统计

序号	建筑名称	城市	高度/m	层数	预计建成（年）
1	国王塔	吉达	1000	275	—
2	Tower M	吉隆坡	700	145	—
3	吉隆坡118大厦	吉隆坡	644	118	2021
4	高银117大厦	天津	596.6	117	2020
5	沈阳宝能环球金融中心	沈阳	568	113	—
6	恒大国际金融中心	合肥	518	112	2021
7	武汉绿地中心	武汉	475.6	97	—
8	中央公园大厦	纽约	472.4	98	2020
9	成都绿地中心	成都	468	101	2021
10	圣彼得堡Lakhata中心	圣彼得堡	462	87	2019
11	嘉陵帆影国际经贸中心	重庆	458	99	2022
12	白金大厦	吉隆坡	453.5	97	2019
13	天山·世界之门27及28号地	石家庄	450	106	2025
14	苏州IFS	苏州	450	98	2019
15	One Bangkok O4H4	曼谷	436.1	92	2025

序号	建筑名称	城市	高度/m	层数	预计建成（年）
16	摩天大楼中心	武汉	436	73	2020
17	57 街西 111 号	纽约	435.3	82	2020
18	Diamond Tower	吉达	432	93	2020
19	重庆高塔	重庆	431	101	2022
20	绿地山东国际金融中心	济南	428	86	2022
21	One Vanderbilt	纽约	427	58	2021
22	东莞国际贸易中心 1 号	东莞	426.9	88	2020
23	LCT 地标大厦	釜山	411.6	101	2020
24	东风广场地标大厦	昆明	407	100	2022
25	One Tower	莫斯科	405.3	108	2024
26	广西华润大厦	南宁	402.7	85	2020
27	贵阳国际金融中心一号楼	贵阳	401	79	2020

注：表 1-4 参考 http：//www.skyscrapercenter.com/buildings2019 年 10 月数据。

1.2.4　施工的特点与难点

超高层建筑的建造涉及很多施工技术，如超高层建筑大型地下空间结构施工、软土地区超高层建筑深基坑支护、超高层建筑超厚大体积混凝土底板施工、超高层建筑混凝土施工、超高层建筑大型塔式起重机布置技术、超高层建筑模架选型与施工、超高层建筑施工流水节拍控制等，该如何选择这些施工技术呢？这对于广大施工技术人员来说是一道选择难题。通过对重大超高层建筑的施工技术进行横向比较与技术分析，研究每种超高层建筑关键施工技术的特点、适用范围以及对工程质量、安全、进度与经济效益的影响，在实际施工时根据各类结构体系的特点和结构高度等因素选用相应适合的施工技术，充分发挥各项技术的特点，从而提高超高层建筑的经济效益和社会效益。

1.3　超高层建筑的结构体系

1.3.1　超高层建筑结构体系分类

随着建筑高度的不断攀升，超高层建筑的结构体系得到创新和发展，从"钢筋混凝土框架＋核心筒""钢筋混凝土筒中筒"结构体系，到"钢柱混凝土框架＋核心筒""钢框架＋核心筒""钢结构密柱外筒＋核心筒"结构体系，再到"钢框架＋核心筒＋伸臂桁架""巨型框架＋核心筒＋伸臂桁架"结构体系。

400m以上的超高层建筑正朝巨型结构发展，巨型结构是指整幢建筑物的结构采用巨型柱、巨型桁架梁和巨型支撑等巨型杆件组成的空间桁架体系，相邻立面的支撑构件在巨型角柱处交汇。巨型结构体系由主构件和次结构两部分组成，主结构由巨型梁、巨型柱和巨型支撑组成，次结构由常规结构构件组成。巨型结构具有巨大的抗侧刚度和优越的整体工作性能，防风抗震性能良好，因此在超高层建筑中得到越来越广泛的应用，采用巨型结构体系的典型工程有沈阳宝能国际金融中心、天津高银117大厦、深圳平安金融中心、上海中心大厦、广州周大福金融中心、北京中国尊、武汉中心、天津周大福金融中心、上海环球金融中心、深圳京基100等工程，如图1-11所示是中国尊的结构模型图。

目前纯框架、束筒等结构体系在400m以上的超高层建筑中很少应用，高度达到350m的深圳汉京金融中心采用纯钢结构体系，早期采用束筒结构的工程有高度达到442.3m的美国芝加哥西尔斯大厦。建筑高度达到828m的迪拜哈利法塔采用的则是一种新的结构体系——扶壁核心结构体系，平面呈三叉形，核心筒居于三叉形的中心位置，三支翼体从中心核心筒伸出，任何一支翼体均以另两支翼体作为扶壁，如图1-12所示为迪拜哈利法塔结构平面图，中心核心筒主要承担抗扭，三支翼体主要承担水平剪力与抗弯，该结构体系与"框架＋核心筒"体系相似度较高。扶壁核心结构体系与

图1-11　中国尊结构模型图

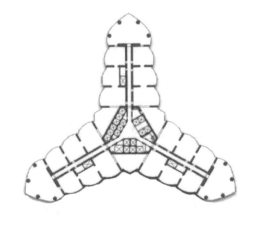

图1-12　迪拜哈利法塔结构平面图

建筑平面密切相关，应用较少。总体来说，"外框＋核心筒"的结构体系在未来相当长一段时间内是超高层建筑的首选，对于高度特别高的超高层建筑，外框"巨型化"是趋势。

超高层结构体系的选择主要与建筑高度或结构高度有关，其次与抗震设防烈度、风荷载等因素有关，同时也与当时当地的钢材价格、混凝土价格等因素有关，因此各类结构体系有其相应的建筑高度区间。当前超高层建筑按结构体系主要可以分为：①"钢筋混凝土框架＋核心筒"或"钢筋混凝土筒中筒"结构体系；②"钢框架＋核心筒"或"钢柱混凝土框架＋核心筒"结构体系；③"钢框架＋核心筒＋伸臂桁架"结构体系；④"巨型框架＋核心筒＋伸臂桁架"抗侧力结构体系。

1.3.2 超高层建筑结构体系特点

超高层结构体系的选择与建筑高度或结构高度、抗震设防烈度、风荷载等因素有关，甚至与当时当地的钢材价格、混凝土价格等因素有关。因此，各类结构体系的超高层建筑基本上多有相应的建筑高度区间、结构复杂程度、单个构件的吊装重量；施工时也会根据各类建筑的结构特点，确定采用内筒外框同步施工技术，还是不等高同步攀升技术。

1. "巨型框架＋核心筒＋伸臂桁架" 结构体系

采用"巨型框架＋核心筒＋伸臂桁架"抗侧力结构体系的超高层，外围结构由巨型柱、巨型斜撑、伸臂桁架、环带桁架和框架钢梁构成，核心筒采用或部分采用钢板剪力墙结构，内筒与外框由伸臂桁架和普通钢梁相连。这类建筑的高度大部分在400m以上，如上海中心大厦（建筑高度632m）、深圳平安金融中心（建筑高度592.5m）、武汉绿地中心（建筑高度636m）、天津高银117大厦（建筑高度597m）、广州周大福金融中心（建筑高度530m）、天津周大福金融中心（建筑高度530m）、中国尊（建筑高度528m）、武汉中心（建筑高度438m）、广州越秀金融大厦（建筑高度309.4m）、厦门世贸海峡大厦双子塔（结构高度300m），如图1-13所示为施工中的巨型结构中国尊。

采用"巨型框架＋核心筒＋伸臂桁架"抗侧力结构体系的超高层建筑，结构复杂，层数多，高度高，大部分采用四柱或八柱巨型结构，施工时一般采用不等高同步攀升技术。

2. "钢框架＋核心筒＋伸臂桁架" 结构体系

采用"钢框架＋核心筒＋伸臂桁架"结构体系的超高层建筑，外围采用钢管混凝土柱或钢骨混凝土柱＋钢梁形成的框架结构，核心筒采用内置钢骨柱＋钢骨梁的钢筋

图 1-13　施工中的巨型结构中国尊

混凝土筒体结构，加强层设置伸臂桁架和环带桁架以提高塔楼的整体抗侧向能力。此类超高层的外围结构不采用巨型框架和巨型斜撑，核心筒也不采用钢板剪力墙结构，建筑高度大部分在 200～350m，如兰州红楼时代广场（结构高度 266m）、西安绿地中心（建筑高度 269.7m）、重庆国金中心 T1 塔楼（建筑高度 316m）、苏州现代传媒广场办公楼（建筑高度 214.8m），如图 1-14 所示为兰州红楼时代广场加强层的结构三维图。

采用"钢框架＋核心筒＋伸臂桁架"结构体系的超高层建筑，结构复杂程度适中，施工时一般采用不等高同步攀升施工技术。核心筒施工时要求形成钢骨柱与钢骨梁安装焊接施工、钢筋绑扎施工、混凝土浇筑、混凝土养护四个作业面。

3."钢框架＋核心筒"或"钢柱混凝土框架＋核心筒"结构体系

采用"钢框架＋核心筒"结构体系的超高层建筑，外围采用钢结构框架，内筒采用钢筋混凝土核心筒结构。杭州信雅达国际中心（建筑高度 185m）采用了"钢框架＋核心筒"结构体系，如图 1-15 所示为杭州信雅达国际中心效果图。"钢框架＋核心筒"结构体系的超高层，内筒与外框通过钢梁进行连接，因此一般采用不等高同步攀升施工技术。

采用"钢柱混凝土框架＋核心筒"结构体系的超高层建筑，外围采用型钢柱结合钢筋混凝土梁框架结构，内筒采用钢筋混凝土核心筒结构。广州东风中路 S8 地块工程采用"钢柱混凝土框架＋核心筒"结构体系，外框采用钢管混凝土柱结合钢筋混凝土梁，核心筒为钢筋混凝土结构，

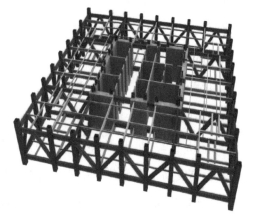

图 1-14　兰州红楼时代广场
加强层的结构三维图

建筑高度为170m。采用这类结构体系的超高层其建筑高度可以达到300多m，如广西九洲国际大厦建筑高度为317.6m，其外框结构采用钢管柱结合钢筋混凝土梁。"钢柱混凝土框架＋核心筒"结构体系的超高层，由于外框的楼面梁板为钢筋混凝土结构，内筒与外框通过钢筋混凝土梁进行连接，因此经常采用内筒与外框同步施工的方法。

4. "钢筋混凝土框架＋核心筒"或"钢筋混凝土筒中筒"结构体系

采用"钢筋混凝土框架＋核心筒"或"钢筋混凝土筒中筒"结构体系的超高层建筑，外围采用钢筋混凝土框架结构或筒体，

图 1-15 信雅达国际中心

内筒采用钢筋混凝土核心筒结构，是典型的钢筋混凝土框筒结构或筒中筒结构。采用"钢筋混凝土筒中筒"结构体系的超高层建筑，考虑到工程成本，大部分建筑高度在 100～220m，也有一些工程其建筑高度达到 300多 m。杭州迪凯国际商务中心（结构高度 165m），采用的是"钢筋混凝土筒中筒"结构体系，其外筒为密柱深梁组成的框筒，内筒为剪力墙围合组成的实腹筒。沈阳东北世贸广场主楼采用"钢筋混凝土筒中筒"结构体系，其建筑高度达到260m。贵州花果园 D 区双子塔也采用了"钢筋混凝土筒中筒"结构体系，其建筑高度达到334.5m。

采用"钢筋混凝土框架＋核心筒"或"钢筋混凝土筒中筒"结构体系的超高层建筑结构相对简单，且大部分建筑的高度在220m以内，一般采用整体结构外爬内支同步施工技术。

第2章

超高层建筑大型地下空间
结构施工方案选择与应用

超高层建筑出现以来就一直与地下空间结构紧密联系在一起，地下空间结构施工一直是超高层施工绕不开的话题。在超高层施工时要突出塔楼的施工线路，通过加快塔楼的施工进度，达到缩短工程总工期目的。超高层建筑地下空间结构施工的科技含量非常高，通过采取相应的施工技术，在确保基坑安全的前提下为塔楼提前介入施工创造有利条件，通过调整施工工艺将塔楼施工摆在至关重要的位置，从而达到加快塔楼施工进度的目的。

2.1　地下空间结构施工特点

超高层建筑根据地下空间结构的施工方法分为顺作法、逆作法、顺逆结合等三种施工工艺，施工的关键在于地下室结构和深基坑支护的施工，两者紧密配合、相辅相成，构成了整个地下空间结构的施工。超高层建筑地下空间结构具有规模庞大、环境复杂、场地狭小、工期紧张、区域性强等特点，一般根据工程土质情况、场地条件、周边环境、塔楼高度、施工工期和经济效益等情况采取相应的施工工艺，在确保周边环境安全的前提下，为塔楼施工创造良好的条件。

2.1.1　顺作法施工的主要特点

顺作法施工的主要优点是：任务单一、工艺成熟；支撑构架简洁，工期较易掌握；作业条件好，工程质量易保证。顺作法施工的主要缺点是：基坑支撑变形大，对周围环境影响大，施工工期长。

2.1.2　逆作法施工的主要特点

逆作法施工的特点与顺作法是对应的，逆作法施工的主要优点是：对周围环境影响小，施工工期短，临时支撑投入量小。逆作法施工的主要缺点是：工艺复杂，技术要求高；操作空间狭小，通风与照明条件非常差，施工效率较低。逆作法施工技术包括全逆作法施工技术与半逆作法施工技术，适合于地下大空间结构的施工。

2.1.3　顺逆结合施工的主要特点

顺逆结合施工技术取顺作法和逆作法施工之长，减小基坑变形对周围环境的影响，有效提高施工效率，但是必须把顺作法和逆作法的交界面处理好。顺逆结合施工技术一般按建筑区域分别采取顺作法或逆作法进行施工，顺逆结合施工技术主要有"中顺边逆"和"主顺裙逆"两种施工方法。"中顺边逆"是指建筑平面的中心区域采用顺作法施工，建筑平面的外围边跨区域采用逆作法施工。"主顺裙逆"是指主楼区域采用顺作法施工，裙房区域采用逆作法施工。顺逆结合施工技术应用较多的是"主顺裙逆"的施工方法，"主顺裙逆"按施工先后顺序又分为"主楼先顺作、裙房后逆作"和"裙房先逆作、主楼后顺作"两种施工技术。

2.1.4 三种施工方法的对比

将超高层建筑大型地下空间顺作法、逆作法、顺逆结合三种施工工艺的优缺点的对比分析情况汇总于表2-1，实际施工时结合工程的具体情况选择合适的施工工艺。

表2-1 超高层建筑大型地下空间施工方法特点对比

序号	施工方法	主要优点	主要缺点
1	顺作法	任务单一，工艺成熟，工期较易掌握	基坑变形较大，对周围环境影响大
2	逆作法	基坑变形较小，对周围环境影响小，施工工期短	工艺复杂，技术要求高，操作空间狭小
3	顺逆结合	减小基坑变形对周围环境的影响，保证关键部位的施工进度	顺作法和逆作法的交界面的处理有一定难度

2.1.5 超高层建筑施工基本原则

目前超高层的建筑高度已经突破800m，正向1000m进发。超高层施工的技术含量越来越高，施工组织难度越来越大，同时也带给技术人员更多的技术发挥空间和创新实践机会。地下空间结构是整个超高层建筑施工的关键部位，而且地下室结构平面尺寸大，结构复杂，功能分区多，有塔楼部分地下室、裙房部分地下室、无上部结构部分地下室等。对地下空间结构采用顺作法、逆作法还是顺逆结合技术进行施工，对整个超高层建筑的施工工期和基坑变形控制影响非常大。

超高层施工的基本原则是：塔楼为主，裙房为辅，在均衡工程总进度目标的前提下，通过各种施工工艺突出塔楼，为塔楼提前介入施工和顺利施工创造良好的条件。超高层塔楼高度超过400m时，塔楼的施工速度对工程总进度的影响比较明显，如果业主没有提出裙房与塔楼低区提前营业等特殊要求，应该采用塔楼先行的原则。地下室施工阶段在确保基坑和周围环境安全的前提下，采用依次施工的方式，先行施工塔楼地下室结构，地下室结顶后再施工其他区域（图 2-1）；或者采用流水施工的方式，塔楼先行施工，以塔楼为主，其他区域穿插施工。

图 2-1　主楼先行施工

2.2　顺作法施工技术

顺作法施工是当前超高层建筑施工的主流施工工艺，当工期要求一般、地质条件较好、场地较宽裕、周边环境较好时，适合采用顺作法施工，并且建筑高度在 400m 以内时，优先考虑采用顺作法施工。顺作法施工的典型工程有深圳平安金融中心、成都绿地中心蜀峰 468 项目、兰州红楼时代广场、迪拜哈利法塔、上海金茂大厦、广州新电视塔、南京紫峰大厦等工程。

2.2.1　深圳平安金融中心

深圳平安金融中心工程位于深圳市福田区，总建筑面积为 459187m²，由塔楼、裙房和整体地下室三部分组成。地下室 5 层，地上塔楼 118 层，结构高度 555.5m，建筑高度 592.5m；裙房 11 层，建筑高度 55m；基础底板深度为 29.8m。塔楼采用"巨型框架 + 核心筒 + 伸臂桁架"结构体系，有 8 根巨型钢骨混凝土框架柱；裙房采用"钢框架 + 剪力墙"结构体系。工程桩采用人工挖孔桩，塔楼的桩径达到 8.0m，其他的桩径达到 5.7m。工程地处深圳市 CBD，四周紧邻市政道路，周边大型建筑高度集中，离正在运营的地铁 1 号线仅 20m，周边环境复杂，基坑开挖深度达到 33.8m，土层中存在透水性能良好的砂土，因此基坑支护设计与施工难度非常大，对变形控制要求非常高。工程占地面积 18931m²，基坑面积达到 17150m²，基坑边线逼近建筑红线，地下室结构施工阶段场地条件非常紧张。

工程采用顺作法施工，基坑采用"钻孔灌注桩 + 4 道钢筋混凝土内支撑 + 2 道锚索"的支护形式，结合钻孔灌注桩外的高压摆喷墙以及两道袖阀管注浆组成止水帷幕。在塔楼区域与裙房区域各形成一个圆环形钢筋混凝土支撑结构（图 2-2）。塔楼区域的支撑体系采用双圆环的布置形式，支撑立柱采用钻孔灌注桩内插钢管；裙房区域的支撑体系采用单圆环的布置形式，支撑立柱采用钢管混凝土柱。为了加强支撑刚度并为塔楼结构提供足够大的材料堆场，将首层支撑设计成梁板结构形式（图 2-3），塔楼上部结构施工时大量材料堆放在首层支撑结构上。深圳平安金融中心土方开挖量达到 55 万 m³，在基坑南北设置了两个环形支撑，形成大空间，便于土方开挖。在南侧裙房区域的圆环支撑内侧设置了一个

图 2-2　双环形支撑体系

环形栈桥直通坑底，塔楼与裙房的土方可以通过环形栈桥外运，加快了土方施工进度。环形栈桥设置在裙房一侧，便于先行进行塔楼区域土方开挖与结构施工。虽然采用了顺作法施工，但是其一层支撑结构采用梁板结构形式，类似于逆作法施工的顺逆施工分界面，刚度很大，有效控制了基坑变形，并且为施工提供了材料堆场，缺点是增加了以后支撑拆除的工作量。基坑监测结果表明，围护结构和周边环境的变形均在设计允许范围内，确保了

地铁 1 号线的安全运营。

图 2-3　塔楼地下室先行施工

由于塔楼高度近 600m，在整个结构施工中始终坚持突出塔楼、围绕塔楼施工工期这个关键目标展开深基坑和地下室结构的设计、施工与场地布置。塔楼核心筒结构布置在圆环形支撑结构的中部，支撑结构完全避让了塔楼核心筒结构，塔楼的 8 根巨型钢骨混凝土框架柱从首层支撑板的 8 个孔洞巧妙地穿过，确保塔楼核心筒和外框巨柱不受支撑结构的影响从而可以快速施工。在塔楼结构施工阶段，整个裙房区域作为材料与设备场地配合塔楼施工，如图 2-4 所示塔楼已经高高耸立，作为配角的裙房还在地下室结构施工阶段，整个场地都是堆场。

深圳平安金融中心顺作法施工时采取了一系列的施工技术措施，确保了工程的顺利进行，其采取的具体措施见表 2-2。

图 2-4　塔楼先行施工

表2-2 深圳平安金融中心顺作法施工技术措施

序号	技术措施	目 的
1	双圆环形支撑结构	减小基坑变形,便于土方外运
2	一层支撑采用梁板结构	减小基坑变形,满足材料堆放
3	核心筒布置在圆环支撑中部	满足核心筒先行施工,不受支撑拆除影响
4	巨型钢柱穿越支撑结构	满足巨型柱先行施工,不受支撑拆除影响
5	裙房一侧设置环形栈桥	塔楼先施工,裙房后施工,并便于出土
6	裙房区域作为塔楼的配合场地	突出塔楼施工,缩短关键工序

2.2.2 成都绿地中心蜀峰468项目

成都绿地中心蜀峰468项目位于四川省成都市锦江区驿都大道,工程用地面积24530m²,总建筑面积455500m²,包含3栋超高层塔楼、3层裙房和5层地下室,其中T1超高层塔楼地上101层,建筑高度468m,桩基础为大直径人工挖孔桩。T1塔楼基坑深度33m,周边环境较复杂,北侧距地铁2号线5m,西侧为已经建成的商场与小区,但是工程土质较好。工程采用了典型的顺作法施工技术,主塔楼先行施工,其他区域穿插施工,用流水施工的方式突出主塔楼。由于T1塔楼靠近地铁2号线,因此在靠近地铁一侧的T1塔楼基坑范围采用"围护桩+3道钢筋混凝土内支撑"的结构体系,远离地铁一侧的其他区域采用了"围护桩+3道预应力锚索+1道钢筋混凝土环形支撑"的结构体系。基坑设计时支撑结构避让塔楼结构,形成了两个大的作业空间,一方面有利于塔楼结构的施工,另一方面便于土方的快速出土,为塔楼结构的连续快速施工创造条件,图2-5所示为土方开挖至基底时的主塔楼优先施工的情况,图2-6所示为主塔楼核心筒结构优先施工、主楼外框结构紧跟着施工的情况。由于基坑靠近地铁站且周边环境较复杂,基坑内支撑拆除时,先采用绳锯切断钢筋混凝土内支撑与围护桩的连接,然后对其余内支撑结构采用爆破技术,由于采用绳锯阻断了振动波的传递路径,最大限度地减小了支撑拆除对周边环境的影响,施工效率高,速度快。成都绿地中心蜀峰468项目地下空间顺作法施工时采用了一系列的施工技术措施,具体措施见表2-3,工程从奠基到主体结构正式施工仅用了22个月。

图 2-5　主塔楼先行施工

图 2-6　主塔楼核心筒先行施工

表 2-3　成都绿地中心蜀峰 468 项目顺作法施工技术措施

序号	技术措施	目　的
1	地铁一侧采用 3 道刚性支撑，远离地铁一侧采用 1 道刚性支撑和 3 道柔性支撑	减小地铁一侧基坑变形
2	整个塔楼结构布置在钢筋混凝土内支撑中央部位	塔楼先行施工，不受支撑拆除影响
3	基坑中间对撑位置设置栈桥	满足材料堆放和车辆运输
4	裙房区域作为塔楼的配合场地	突出塔楼施工，缩短关键工序
5	绳锯切割结合明爆破碎技术	减小基坑周边环境的变形

钢筋混凝土内支撑的拆除主要有机械破碎拆除、切割拆除、爆破拆除等方法。机械破碎拆除以人工操作风镐机拆除为主，噪声大、粉尘多，需要较多的操作人员与小型设备，耗电量高，工作量大，施工进度不容易保证，不符合绿色施工的要求，社会效益差。切割拆除有绳锯切割、碟锯切割、排孔切割，噪声小、扬尘少，配合洒水施工能很好地解决扬尘问题，施工速度较快，成本相对较高。爆破拆除有火药爆破拆除和化学静力爆破，火药爆破拆除具有施工效率高、破碎效果好等优点，但是粉尘多，噪声大，由于应力快速释放和爆破产生的振动，对基坑的安全和周边环境会产生较大的影响；化学静力破碎无噪声，无扬尘污染，不产生飞石，对周边环境影响小，但是工作量大，施工效率较低，成本也较高。针对以上各种拆除方法的优缺点，一些对周边环境要求高、施工工期又非常紧的超高层工程，在钢筋混凝土内支撑拆除时采用"绳锯切割结合明爆破碎技术"或"静态爆破结合明爆破碎技术"进行施工。

成都绿地中心蜀峰 468 项目由于基坑靠近地铁站且周边环境较复杂，基坑内支撑拆除时采用绳锯切割结合明爆破碎技术，先用绳锯切断钢筋混凝土内支撑与围护桩的连接，然后采用爆破技术，由于阻断了振动波的传递，最大限度地减小了支撑拆除对周边环境的影响。广州白云国际机场综合交通枢纽项目地铁车站北凸出部工程由于工程紧，基坑结构拆除量达到 3900m³，采用了绳锯切割和混凝土块现场直接回填的施工方案，大大加快了施工进度。

深圳平安金融中心地处深圳市 CBD，周边大型建筑高度集中，离正在运营的地铁 1 号线仅 20m，周边环境复杂，对变形控制要求非常高，基坑内支撑拆除时采用静态爆破结合明爆破碎技术，先采用静态爆破技术将钢筋混凝土内支撑与围护桩的连接处破碎开，再利用明爆技术，明爆的振动波不能通过支撑梁传递出去，有效减小了支撑拆除对周边环境的影响。深圳春天大厦由于地处深圳龙岗闹市，因此直接采了静态爆破的施工技术，图 2-7 所示为深圳春天大厦的支护角撑，图 2-8 所示为布满装药孔的角撑。

图 2-7　深圳春天大厦的支护角撑

图 2-8　布满药孔的角撑

成都绿地中心蜀峰 468 项目与深圳平安金融中心工程根据基坑挖深、周边环境与变形要求等特点选择了不同的支撑拆除技术（表 2-4），具有共同点，也有不同点。

表 2-4　超高层建筑基坑钢筋混凝土内支撑拆除方法比较

序号	工程名称	周边环境	变形要求	拆除方法	共同点	不同点
1	成都绿地中心蜀峰 468	城市中心	控制严格	绳锯切割结合明爆破碎技术	先通过环保和振动非常小的方法切断混凝土支撑与基坑围护体的连接，再进行明爆施工	绳锯切割需要搭设支撑架以便工人操作与承载混凝土块
2	深圳平安金融中心	城市中心	控制严格	静态爆破结合明爆破碎技术		静态爆破需事先埋设大量爆破孔，成本较高

采用环型支撑体系的工程还有杭州娃哈哈美食城大厦、杭州涌金广场等。采用对撑 +

角撑的支护体系会影响土方开挖和地下结构的施工,并且支撑体系的变形控制能力一般。环型支撑体系不仅便于土方开挖与结构施工,并充分发挥了混凝土结构受压性能良好的特点。环型支撑体系与其他支护体系相比,总体费用降低 15% ~ 30% 。有学者对超大型直径达到 218m 的环梁支护体系进行了研究,通过运用 MIDAS 软件建立超大型环梁支护体系的三维计算模型,模拟现场施工条件下的支撑轴力、支撑变形、围护墙体内力等的变化,并分析了土体弹性模量、泊松比等因素对数值模拟结果的影响,并将模拟结果与实际监测结果比对,结果吻合度较好,三维数值模拟能较真实地反映实际施工,因此超大型环梁支护体系的基坑设计有了技术保障。

2.2.3　兰州红楼时代广场

兰州红楼时代广场工程位于甘肃省兰州市,上部由塔楼、裙房组成,地下室 3 层,裙房 12 层,塔楼 55 层,建筑面积 137241.81m^2,高度 313m,图 2-9 所示为兰州红楼时代广场效果图。塔楼采用"钢框架 + 核心筒 + 伸臂桁架 + 环带桁架"结构体系,结构高度 266m。基础采用筏形基础,基础最大埋深达到 26.3m。工程位于黄河南岸二级阶地,主要土层自上而下依次为杂填土、粉质黏土、卵石、强风化砂岩、中风化砂岩。工程具有以下特点:

(1)超高层塔楼高度为 266m,没有超过 400m,塔楼结构施工对工程总工期的影响没有非常突出。

(2)水文土质情况良好,有利于控制基坑变形。

(3)虽然场地狭小,但是土质情况良好,塔楼地下结构施工时可以利用裙房基坑的原土或混凝土垫层面作为临时材料堆场,缓解场地狭小的困难。

(4)业主要求裙房与塔楼低区 10 层以下部分提前营业。

图 2-9　兰州红楼时代广场效果图

通过以上分析，决定采用顺作法施工。基坑采用自立式支护体系，水泥搅拌桩止水、钻孔灌注桩结合预应力锚索挡土，在基坑应力较大位置设置了一道钢管内支撑，钢管内支撑完全避开了塔楼和裙房结构，有利于土方的快速出土和塔楼结构的施工，做到突出塔楼，

图 2-10　兰州红楼时代广场塔楼基础施工

并便于裙房施工。充分利用工程土质良好的特点，在基坑土方开挖至基底时安装动臂塔式起重机。本工程采用顺作法施工，基坑安全稳定，工程进展顺利，如图 2-10 所示为兰州红楼时代广场塔楼 8.9m 厚筏形基础施工时大量材料堆放在裙房基础垫层上。兰州红楼时代广场采用顺作法施工的主要施工技术措施见表 2-5。

表 2-5　兰州红楼时代广场顺作法施工技术措施

序号	技术措施	目　的
1	塔楼临近基坑位置设置钢构角撑与对撑	减小基坑变形
2	钢结构支撑完全避开塔楼结构	满足塔楼先行施工，不受支撑拆除影响
3	裙房区域作为塔楼的配合场地	突出塔楼施工，缩短关键工序

2.2.4　迪拜哈利法塔

迪拜哈利法塔地下 4 层，地上 162 层，建筑高度 828m，是目前世界第一高楼，基坑最大开挖深度为 30m。由于周边场地空旷，地质情况良好，地下水位低，现场材料堆放条件宽裕，并有利于控制基坑变形，基坑支护采用了放坡大开挖方案，地下结构采用顺作法施工。哈利法塔于 2004 年开始建设，2010 年 1 月 4 日正式竣工。

2.2.5　四个顺作法工程的情况汇总

根据土质情况、周边环境、场地条件、塔楼高度、工期要求对深圳平安金融中心、成都绿地中心蜀峰 468、兰州红楼时代广场、迪拜哈利法塔等四个工程采取了顺作法施工技

术，四个工程采用的具体施工应对措施见表2-6。

表2-6　超高层建筑大型地下空间结构顺作法施工情况

序号	工程名称	土质情况	周边环境	场地条件	塔楼高度/m	工期要求	施工方法与主要应对措施
1	深圳平安金融中心	较好	紧临地铁	非常紧张	592.5	一般	顺作法：（1）塔楼先行裙房后行，解决堆场问题；（2）双圆环内支撑控制基坑变形；（3）首层梁板式支撑解决堆场问题并控制基坑变形
2	成都绿地中心蜀峰468	较好	紧临地铁	紧张	468	一般	顺作法：（1）塔楼先行裙房后行，解决堆场问题；（2）裙房采用圆环内支撑，控制基坑变形；（3）绳锯切断结合爆破技术拆除基坑内支撑，减小对周边环境的影响
3	兰州红楼时代广场	好	城市中心	紧张	266	一般	顺作法：排桩支护结合预应力锚索，突出塔楼，利用裙房地下室底板和顶板作为材料堆场
4	迪拜哈利法塔	良好	空旷	宽裕	828	一般	顺作法：放坡大开挖方案

2.3　逆作法施工技术

逆作法施工顺序是与顺作法完全相反的一种施工工艺，按照上部结构与地下结构是否同步施工，分为全逆作法和半逆作法。全逆作法施工时，上部结构与地下结构同步施工，施工时可以将地下室顶板作为逆作法施工的界面板，地下室顶板以下逆作，以上顺作，上下同步展开；也可以将地下二层结构梁板作为逆作法施工的界面板，地下二层结构梁板以下逆作，以上顺作，上下同步展开。半逆作法施工时，地下结构采用逆作法先行施工，上部结构暂时不施工，待地下结构施工完成时再进行上部结构施工，半逆作法对加快工程进度没有明显效果，一般是因为场地条件紧张、周边环境保护要求高，塔楼高度不是非常高，为了确保基坑与周边环境安全而采用半逆作法施工。当地质条件较差，周边环境保护要求高，整个地下结构平面尺寸不是特别大时，可以考虑采用逆作法施工，整个基坑平面范围内的地下结构不分裙房与主楼全部采用逆作法施工；当建筑高度特别高，或者工期特别紧张时，也可以考虑采用逆作法施工，地下结构逆作，上部结构同步顺作。逆作法施工的典型工程有深圳赛格广场、上海廖创兴金融中心、南京青奥中心等。

2.3.1 深圳赛格广场

深圳赛格广场工程位于深圳市深南中路与华强北路交汇处，地下4层，地上70层，其中裙房2层，建筑面积160160m²，建筑高度358m（图2-11）。塔楼为框筒结构，外框由钢管混凝土柱和钢梁组成，内筒由钢管混凝土密排柱和实腹钢梁形成密柱框式筒壁结构。裙房和地下室为钢管混凝土柱与型钢混凝土梁组成的框架剪力墙结构，桩基础采用大直径人工挖孔桩。地下室平面尺寸为84.0m×85.2m，基坑开挖深度17.5m，最深达到24.5m。地下连续墙接近工程红线边界，现场场地狭小，工程地质条件较好。工程采用全逆作法施工，地下连续墙和人工挖孔桩施工完毕后，随即施工地下结构的钢管混凝土柱和地下室顶板，然后以地下室顶板为分界面进行地下室逆作法施

图2-11 深圳赛格广场

工和地上主体结构顺作法施工。通过逆作法施工，保护了周边环境的安全，利用地下室顶板作为材料临时堆场，提高了场地利用率，大大缓解了场地狭小的困难，加快了施工进度，上部主体结构提前110天完成，产生了良好的社会效益与经济效益。

2.3.2 上海廖创兴金融中心

上海廖创兴金融中心位于上海市南京路，地下5层，上部主楼37层，裙房3层，建筑高度170.10m。工程建筑面积72000m²，地下室落地面积4000m²，基坑平均开挖深度达到22.4m。塔楼为框筒结构，核心筒为钢筋混凝土结构，外框由钢骨混凝土柱和钢梁组成。工程场区地质属于长江三角洲冲淤积平原，以黏性土和砂土为主，砂土透水性强，施工不当易产生流砂现象。周边环境复杂，管线密布，且紧邻运营中的地铁2号线。由于环境保护要求高，土质条件差，工程占地面积小，塔楼高度相对较低，因此采用了逆作法施工技术。以首层板作为逆作法施工的分界面，可以有效控制周边环境的变形，首层板施工完毕

后将其作为材料的临时堆场，解决现场场地狭小的问题。土方开挖时将基坑分成三个区，分区流水盆式开挖，盆边留土采用对称、抽条开挖，进一步减小基坑变形。地铁 2 号线位于基坑南侧，整体基坑开挖从远离地铁 2 号线的北侧开始从北往南分区分层开挖，有效控制了基坑南侧的变形，确保了地铁 2 号线的正常运营。

2.3.3　南京青奥中心

南京青奥中心工程（图 2-12）位于江苏省南京市江山大街北侧，金沙江东路南侧，扬子江大道东南侧，燕山路南延段西侧，由一座双子塔与裙房组成。A 塔楼地上 58 层、高 249.5m，B 塔楼地上 68 层、高 314.5m，裙房 5 层、高 46.9m，地下室 3 层，总建筑面积 28.7 万 m^2，双子塔采用"钢管混凝土密柱外框架 + 劲性混凝土核心筒结构"，整个核心筒无加强层。工程位于长江漫滩地貌单元，土质情况差，存在深厚的软土层。

该工程工期紧、土质差，基坑开挖深度为 14.6m，采用"全逆作法"施工，以地下一层结构楼层作为逆作法施工的分界面，一边从上而下进行地下结构施工，一边从下往上进行地上结构施工，形成了基坑开挖、地下结构、上部结构平行立体施

图 2-12　南京青奥中心

工。当地下室基础大底板完成时，上部结构施工至 17 层，节省了 1/3 的工期，满足了业主的工期要求，而且建筑基坑变形小，地连墙最大水平位移为 24.05mm，最大水平位移深度为 13m，对相邻建筑物的影响小，采用"两墙合一"等技术节省了支护结构的支撑费用，具有明显的社会效益和经济效益。南京青奥中心工程是国内首次对超过 300m 的超高层建筑采用"全逆作法"施工，对类似超高层工程采用"全逆作法"施工提供了借鉴。

当地质条件较差，周边环境保护要求高，场地狭小，或者工期特别紧张时，可以考虑采用地下结构逆作、上部结构同步顺作的全逆作法施工技术。但是采用全逆作法技术的超高层不宜采用巨型结构，因为全逆作法施工时竖向支承体系的转换非常关键，巨型结构的外框巨

柱由于断面尺寸大、重量超重，难以采用合适的结构进行外框巨柱的转换，所以采用上下同步施工的全逆作法技术的超高层建筑经常采用筒中筒、框筒等结构形式。采用"钢管混凝土密柱框筒＋核心筒"的筒中筒结构形式，既能建造很高的超高层建筑，又有利于竖向支承结构和转换结构的设置，便于采用全逆作法施工，而且筒中筒结构传力简单、直接、明了，避免了楼层间的刚度突变，减少了内筒外框间的不均匀沉降和不均匀沉降造成的应力。

2.3.4　三个逆作法工程的情况汇总

对深圳赛格广场、廖创兴金融中心、南京青奥中心等三个工程根据土质情况、周边环境、场地条件、塔楼高度、工期要求采取了逆作法施工技术，三个工程采用的主要施工应对措施见表2-7。

表 2-7　超高层建筑大型地下空间结构逆作法施工情况

序号	工程名称	土质情况	周边环境	场地条件	塔楼高度/m	工期要求	主要应对措施
1	深圳赛格广场	较好	城市中心	非常紧张	358	较高	首层板作为分界面，地下室顶板作为材料临时堆场
2	廖创兴金融中心	差	市中心，近地铁	非常紧张	170	一般	首层板作为分界面，地下室顶板作为材料堆场，土方分区流水盆式开挖，盆边留土采用对称、抽条开挖，地铁一侧土方最后开挖
3	南京青奥中心	差	城市中心	紧张	250	较高	以地下一层结构楼层作为施工分界面，减少了逆作工程量

2.4　顺逆结合施工技术

超高层建筑的高度越来越高，规模越来越大，相应的地下室和基坑的落地面积也越来越大，为了有效控制基坑变形，解决材料堆放问题，同时加快塔楼上部结构的施工，考虑采用顺逆结合施工技术。有时为了裙房与塔楼一定楼层以下先行开业，缓解资金周转压力，也可以考虑采用顺逆结合施工技术。目前应用较多的施工方式是"主顺裙逆"，即主楼顺作、裙房逆作。裙房逆作可以有效控制基坑变形，为塔楼施工提供材料堆放场地，并为塔楼大型移动式吊装机械提供作业平台与通道。裙房逆作还可以减少施工噪声、扬尘等，避免支撑拆除爆破，充分贯彻绿色建造技术的要求。"主顺裙逆"有主楼先顺作、裙房后逆作，也有裙房先逆作、主楼后顺作。台北 101 大厦、上海明天广场是较早采用顺逆结合施工的经典工程。

上海中心大厦是目前国内具有代表性的超高层建筑，采用"主顺裙逆"，即主楼先顺作、裙房后逆作的施工技术，以结构梁板作为基坑水平支撑，为了满足材料堆放、车辆运输的需要，除留出少数出土口和支撑开口外结构板全部临时封闭，等逆作法施工完成以后再进行结构板开洞。上海由由国际广场与上海国际金融中心均是由三个超高层塔楼组成的超高层群体建筑，且均处于软土地区，由于业主要求不一样，前者采用了"裙房先逆作、主楼后顺作"的施工技术，后者采用了"塔楼先顺作、其他区域后逆作"的施工技术，两个工程均保证了基坑与周边环境的安全，加快了相应的工程进度计划。

2.4.1 上海中心大厦

上海中心大厦位于上海浦东陆家嘴金融贸易区，与环球金融中心、金茂大厦组成了"品"字形的超高层建筑群，场地狭小，环境保护要求高，土质条件较差，工期紧张。工程总建筑面积 433954m²，地下 5 层，地上塔楼 119 层，裙房 5 层，结构总高度 580m，建筑总高度 632m。塔楼采用"巨型框架 + 核心筒 + 伸臂桁架"抗侧力结构体系，外围结构由巨型柱、巨型斜撑、伸臂桁架、环带桁架和框架钢梁构成，核心筒采用钢板剪力墙结构，内筒与外框通过伸臂桁架和普通钢梁相连。

上海中心大厦采用主顺裙逆，即主楼先顺作、裙房后逆作的施工技术。塔楼基坑开挖深度为 31.10m，在塔楼与裙房间增设 1 道分期地连墙，将整个基坑划分为主楼区和裙房区两个相对独立的基坑。塔楼区围护采用直径 121m 的环形地下连续墙围护体系，地连墙厚度 1200mm，支撑体系为 6 道环形圈梁。塔楼采用明挖顺作法先行施工，环形支撑圈梁随挖随撑。塔楼基坑顺作施工时，裙房区进行桩基施工，并将裙房区作为塔楼施工的临时堆场（图 2-13）。塔楼区采用大直径环形支撑体系，形成了大空间，便于土方开挖和塔楼结构施工。根据土质情况、基坑稳定情况、挖土速度，塔楼土方开挖采用岛盆结合方式，第 1、2 层土方采用盆式开挖，第 3、4、5、6 层土方采用岛式开挖，由于大底板中间厚、周边薄，因此最下面的第 7 层土方采用盆式开挖，有利于控制基坑变形。塔楼地下结构施工完成后，裙房地下结构开始逆作施工（图 2-14），裙房逆作施工时逐步拆除塔楼与裙房间的分期地连墙。裙房区域逆作施工时，采用一桩一柱，利用结构梁板兼作水平支撑，结构刚度大，采用盆式开挖，分区对称施工，有效控制了基坑的变形，保护了周边环境。由于塔楼的环形支撑直径达到 121m，形成了内部大空间，便于塔楼结构的自由施工，考虑到环形支撑直径很大，因此在环形支撑周边设置了 4 个施工栈桥，便于挖掘机与运土车辆的使用，加快了土方开挖速度，同时在履带式起重机安装地下室和塔楼下部的大型钢构件时可以有效缩短吊装距离，提高履带式起重机的使用效率。

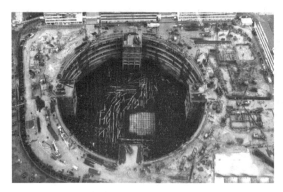

图 2-13　塔楼地下结构顺作施工

图 2-14　裙房地下结构逆作施工

2.4.2　上海由由国际广场

上海由由国际广场位于上海市浦东新区，东南北三侧均紧邻城市道路，西侧为由由大酒店。工程由 N1 和 N2 两个地块组成，地上部分由一条市政道路分开，地下部分联成一体（图 2-15），右边为 N1 地块，N1 地块由 1 幢 37 层酒店和 1 幢 21 层公寓及 3 层的裙房组成；左边为 N2 地块，N2 地块由 1 幢 23 层办公楼和 5 层的裙房组成。

整个工程的地下室为二层，基坑开挖深度达到 10～12m，工程土质条件较差，周边环境的保护要求高，适合采用逆作法施工。基坑占地面积非常大，达到 3.5 万 m^2，塔楼处于基坑中部位置，因此考虑采用"主顺裙逆"施工技术。上海由由国际广场业主要求裙房和塔楼低区提前完成、先行营业，并且两个地块的 3 幢塔楼的最大高度是 133.75m，在超高层建筑中其高度相对较低，因此采用"裙房先逆作、主楼后顺作"的施工技术，确保裙房和塔楼低区能够提前投入使用。

图 2-15　上海由由国际广场效果图

首先采用逆作法施工由由国际广场的裙房部分地下结构，同时在塔楼区域形成 3 个圆形大空间支撑结构（图 2-16）；等裙房结构逆作施工到基础底板以后，再开始顺作施工塔楼结构。塔楼采用圆形大空间支撑结构，一方面圆形支撑结构受力合理，充分利用圆拱结构的特点，将支撑体系受到的水平推力转化为钢筋混凝土环梁

图 2-16 上海由由国际广场逆作法施工

的轴压力，发挥混凝土构件受压性能良好的特点，支撑结构整体刚度好；另一方面设置圆形支撑形成中部无支撑的大空间，便于土方开挖与结构施工，并将塔楼与裙房分成两个相对独立的空间，可以根据各自特点安排施工计划。与上海由由国际广场类似的工程是台北101 大厦，该大厦的业主也要求裙房先行交付使用，但是由于台北 101 大厦地上 101 层，建筑高度达到 508m，土质条件较差，基底位于软土中，塔楼的施工进度非常关键，因此施工时仍旧突出塔楼，采用"主楼先顺作、裙房后逆作"的施工技术，上海由由国际广场与台北 101 大厦施工情况对比见表 2-8。

表 2-8 裙房工期有特殊要求的超高层建筑顺逆结合施工情况对比

序号	工程名称	土质情况	周边环境	场地条件	高度/m	工期要求	施工方法	区别	原因分析
1	上海由由国际广场	较差	城市中心	紧张	134	裙房先行交付	主顺裙逆	裙房先逆作，主楼后顺作	塔楼不到200m，裙房施工是关键
2	台北101大厦	较差	较好	—	508	裙房先行交付	主顺裙逆	塔楼先顺作，裙房后逆作	塔楼超过500m，塔楼工期是关键

2.4.3 上海国际金融中心

上海国际金融中心工程由上交所、中金所和中国结算 3 幢塔楼组成。工程占地面积55287.2m²，地下 5 层，地上 22～32 层，建筑高度 147～210m，总建筑面积 516808m²，其中地上建筑面积 269636m²，地下建筑面积 247172m²。地面以上为 3 幢独立的超高层办公

楼，呈品字形布置，塔楼七至八层设有 T 字形连廊，将 3 幢塔楼连成整体。

上海国际金融中心的工程情况与上海由由国际广场类似，土质情况类似，周边环境同样复杂，基坑占地面积都很大，地上均为 3 幢塔楼。上海国际金融中心的塔楼比上海由由国际广场的塔楼更高。上海国际金融中心有一座连廊，没有裙房，工程施工采用"顺逆结合"技术，即塔楼先顺作、其他区域后逆作，工程进展顺利，基坑变形控制情况良好。与上海中心大厦相同，上海国际金融中心在塔楼地下结构外侧设置临时隔断，以满足塔楼区域先顺作的条件。上海由由国际广场与上海国际金融中心采用地下空间结构顺逆结合施工的情况对比见表 2-9。

表 2-9　类似超高层建筑大型地下空间结构顺逆结合施工情况对比

序号	工程名称	基本情况相同点	施工方法相同点	基本情况不同点	施工方法不同点	原因分析
1	上海由由国际广场	塔楼高度相差不大，土质情况与周边环境情况类似	主顺裙逆	裙房先行交付	裙房先逆作，主楼后顺作	裙房施工是关键
2	上海国际金融中心			主裙楼一起交付	塔楼先顺作，裙房后逆作	塔楼工期是关键

2.4.4　日本东京晴空塔

日本东京晴空塔（图 2-17）是位于日本东京都墨田区东武伊势崎线的押上站和业平桥站之间的电波塔，建筑总高度为 634m。塔的基部为三角形，往上逐渐转变为圆形，第一观光平台位于 350m 处，第二观光平台位于 450m 处，再往上为天线塔。在晴空塔旁布置一幢地上 31 层、地下 3 层的附属大楼，主要作为商业使用。晴空塔主要由钢塔椎、天线塔和心柱三部分组成。

晴空塔的钢塔椎采用了地下连续墙壁形桩基础，地下连续墙壁形桩基础呈三角形布置，与上部塔身三角形保持一致性，塔身三个支座基础之间采

图 2-17　东京晴空塔

用普通地下连续墙连接。中间心柱的基础采用普通桩基础。图 2-18 所示为钢塔槌和心柱的桩基础平面布置图，图 2-19 所示为钢塔槌和心柱的桩基础三维布置图。

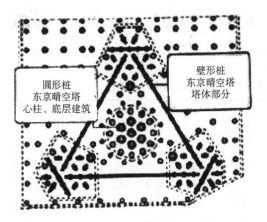

图 2-18　钢塔槌和心柱的桩基础平面图　　　　图 2-19　钢塔槌和心柱的桩基础三维图

施工时针对结构超高、构件超高、场地狭小、工期紧张的特点，采取突出主塔结构施工的思路，由于塔身钢结构工作量大，因此先施工钢塔槌、后施工心柱结构。根据工程特点，决定对钢塔槌的三个地下连续墙壁形桩基础采用顺作法施工，对心柱部分的基础采用逆作法施工。具体施工顺序为：先进行钢塔槌部分的地下连续墙壁形桩基础的围护施工，然后从上向下采用顺作法进行土方开挖，土方开挖到底部以后施工基础底板，接着施工塔身钢结构与一层结构楼板，在塔身钢结构完成合龙和一层结构楼板施工完成以后，以一层为界面往下逆作施工心柱地下结构，以四层为界面往上施工塔身结构，形成地下结构与地上结构同步施工的格局，此时工作面全部打开。

东京晴空塔于 2008 年 7 月 14 日动工，2012 年 2 月 29 日竣工，同年 5 月 22 日正式对外开放。其高度为 634.0m，于 2011 年 11 月 17 日获得吉尼斯世界纪录认证为"世界第一高塔"，成为全世界最高的自立式电波塔。

论文《某地铁深基坑顺逆结合开挖变形性状的实测分析》中研究了杭州某深 34.5m 的地铁基坑采用顺逆结合开挖情况下的变形性状，分析了基坑开挖对深度一倍距离内邻近地铁隧道附近土体的影响，基坑监测与研究分析结果表明：逆作板等主体结构大大加强了围护结构体系的刚度，有效限制了深基坑地连墙的侧向位移、墙后地表沉降和立柱隆起，限制了基坑旁边地铁隧道附近土体的沉降与位移。对于开挖深度较大的基坑，可以将相对危险的中间区域土层留在最后开挖。

2.4.5　四个顺逆结合工程的情况汇总

对大型地下空间结构采用顺逆结合技术的上海中心大厦、上海由由国际广场、上海国际金融中心、东京晴空塔等四个工程的施工情况汇总见表2-10。

表 2-10　超高层建筑大型地下空间结构顺逆结合施工情况

序号	工程名称	土质情况	周边环境	场地条件	塔楼高度/m	工期要求	施工方法与主要应对措施
1	上海中心大厦	差	城市中心	紧张	632	较高	主顺裙逆：主楼先顺作、裙房后逆作，裙房区作为主楼施工的临时堆场，塔楼区采用环形支撑体系并采用岛盆结合方式挖土
2	上海由由国际广场	较差	城市中心	紧张	134	裙房先交付	主顺裙逆：裙房先逆作、主楼后顺作，塔楼采用圆形大空间支撑结构
3	上海国际金融中心	较差	城市中心	紧张	210	一般	主顺裙逆：塔楼先顺作、其他区域后逆作
4	东京晴空塔	—	城市中心	紧张	634	高	钢塔椀顺作法施工，心柱基础逆作法施工；先顺作施工钢塔椀，再逆作施工心柱基础

2.5　结构体系与施工方法

上下同步逆作法施工时，必须在基础与地下结构施工时设置科学合理的结构托换支撑体系，以便于逆作法施工的开展。工程的竖向结构体系与结构托换支撑体系密切相关，一般情况下柱子采用一柱一桩的结构形式进行托换；剪力墙可以采用一整排的一柱一桩的托换支撑体系，或采用桩墙合一的壁式桩结构托换支撑体系，壁式桩承载力高，托换能力强，能保证较多的上部结构楼层同步施工。天津富润中心由 2 幢塔楼和裙房组成，地下 4 层，地上一幢塔楼 54 层、一幢楼 47 层，建筑高度 200m，塔楼采用钢框架 + 核心筒 + 伸臂桁架结构，外框柱采用钢管混凝土叠合方柱。工程采用全逆作法施工，核心筒逆作施工时采用壁桩支撑方案，将核心筒剪力墙与方桩融合在一起，解决了软土地区核心筒逆作法施工时结构托换支撑复杂的问题。

对于巨型结构的超高层建筑，巨型柱由于尺寸超大、重量超重，难以设置合适的托换支撑体系完成结构托换工作。采用巨型结构体系的超高层建筑采用逆作法施工时，经常采用"主顺裙逆"的施工方法，即塔楼巨型结构部分采用顺作法施工。如果要缩短塔楼的施工工期，则可以采用"筒中筒"等有利于塔楼采用逆作法施工的结构体系，避免采用"巨型框架＋核心筒结构体系"。表 2-11 为超高层建筑塔楼结构体系与施工方法情况表，深圳赛格广场、廖创兴金融中心、南京青奥中心等塔楼采用逆作法施工的超高层建筑均采用了非"巨型框架＋核心筒结构体系"；深圳平安金融中心、成都绿地中心蜀峰 468 工程、上海中心大厦等采用了"巨型框架＋核心筒结构体系"，其塔楼施工时均采用了顺作法。

表 2-11　超高层建筑塔楼结构体系与施工方法情况

序号	工程名称	结构体系	塔楼施工
1	深圳平安金融中心	巨型框架＋核心筒结构	塔楼顺作
2	成都绿地中心蜀峰 468	巨型框架＋核心筒结构	塔楼顺作
3	上海中心大厦	巨型框架＋核心筒结构	顺逆结合，塔楼顺作
4	深圳赛格广场	钢框架＋核心筒结构	塔楼逆作
5	廖创兴金融中心	钢框架＋核心筒结构	塔楼逆作
6	南京青奥中心	钢管混凝土密柱外框架＋核心筒结构	塔楼逆作

2.6　方案比选

2.6.1　工程概况

长沙国金中心由 2 幢塔楼与裙房组成，地下 5 层，T1 塔楼地上 95 层，建筑高度 452m；T2 塔楼地上 65 层，建筑高度 315m；裙房地上 7 层，图 2-20 是长沙国金中心的效果图。

长沙国金中心的土质情况：场地原始地貌为湘江冲积阶地。表层土是填土与淤泥质粉质黏土，往下是粉质黏土，再往下是渗水性良好的粉砂层和圆砾层，砂层和圆砾层位于地表以下 5～13m。基坑平面面积 7.43 万 m²，

图 2-20　长沙国金中心效果图

基坑大面积开挖深度为 34.5m，塔楼区最大开挖深度为 42.45m。基坑基本呈长向的四边形，基坑东西两侧边长分别为 168m、136m，基坑南北两侧边长分别为 488m、546m。基坑南北两侧长边方向有 3 幢既有高层建筑以凸字形嵌入基坑，在基坑施工过程中这 3 幢高层建筑是重点保护对象，图 2-21 是长沙国金中心的基坑施工平面示意图。

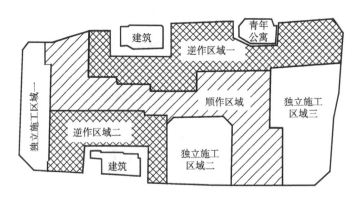

图 2-21　长沙国金中心基坑施工平面示意

2.6.2　方案确定

通过对长沙国金中心项目采用顺作法施工与顺逆结合施工进行对比，分析了顺作法施工的优点与缺点、顺逆结合施工的优点与缺点，分析了该工程采用顺作法施工和顺逆结合施工的工艺要求和施工工况，最后得出了经济效益、工期效益、环保效益和社会效益的对比。在一般工程中，顺作法基本能满足基坑施工的要求，从技术角度来讲，长沙国金中心项目采用顺作法施工也能确保基坑和周边环境的安全，满足工程要求，但是在超大超深的如长沙国金中心等工程中顺作法的缺点越来越明显，顺逆结合施工的优势越来越明显。因此长沙国金中心项目最后采用了顺逆结合施工的方法，中部顺作，南北两侧逆作，顺作先行，逆作后行，以保护逆作区的 3 幢既有高层建筑。

2.6.3　方案实施

长沙国金中心和上海中心大厦均为地下 5 层的超高层建筑，均采用了"中顺边逆、先顺后逆"的施工方案。长沙国金中心由于工程土质情况相对较好，表层土较薄，其他土层在降水条件下力学性能较好，因此顺作区与逆作区分界面没有采用软土地区常用的地下连续墙或排桩进行临时分隔，还是在顺逆工作的分界面附近的逆作区进行放坡支护以满足中部顺作区先行施工的条件。上海中心大厦场地属滨海平原地貌类型，150m 深度范围内的土层主要由饱和黏性土、粉性土和砂土组成，淤泥质粉质黏土和淤泥质黏土的厚度超过 10m，其土质比长沙国金中心的土质更差，因此在顺作区与逆作区分界面采用地下连续墙进行临时分隔。

长沙国金中心顺作法先行施工前，首先完成基坑四边的止水帷幕、支护桩和预应力锚索等支护结构，然后进行中间区域地下空间的顺作法施工。顺作施工时，一边开挖土方，一边进行临时边坡的放坡喷锚施工，土方开挖完成以后从下往上进行中间部分地下结构的施工。

长沙国金中心在进行中间区域地下空间的顺作法施工的同时对南北两侧逆作施工区域的钢立柱进行施工，待中间顺作区域地下室顶板和南北逆作区域的钢立柱完成以后，开始进行逆作区域的全面施工，采取地下地上双向逆作施工。由于长沙国金中心下部土质情况相对较好，逆作区域地下 3 层板以下部分土方一次开挖到基底，然后进行地下室底板结构施工，接着从下往上进行地下 5 层、地下 4 层的结构施工。

2.6.4　工程比较

长沙国金中心中间区域采用放坡支护作为围护支撑体系，上海中心大厦塔楼区采用 121m 直径的临时环形地下连续墙结合 6 道环形圈梁作为围护支撑体系。长沙国金中心与上海中心大厦的施工方法对比情况见表 2-12，长沙国金中心两侧逆作区域施工时 B1 板、B2 板、B3 板从上往下施工，B4 板、B5 板从下往上施工，上海中心大厦逆作区域施工时所有地下结构板均从上往下施工，其主要原因是前者的土质情况相对较好，后者的土质情况很差。

表 2-12　长沙国金中心与上海中心大厦施工方法对比

序号	工程名称	长沙国金中心	上海中心大厦
1	地下室层数/层	5	5
2	塔楼高度/m	452	632
3	基坑开挖深度/m	最大开挖深度 42.45	最大开挖深度 31.10
4	基坑面积/m²	7.4 万	3.4 万
5	周边环境保护	3 幢既有高层建筑嵌入基坑，环境保护要求很高	位于市中心，环境保护要求很高

（续）

序号	工程名称	长沙国金中心	上海中心大厦
6	土质条件	较好	差
7	施工方法	中顺边逆、先顺后逆	中顺边逆、先顺后逆
8	顺作法区支护	放坡喷锚支护	地下连续墙结合环梁
9	逆作法区施工	B1、B2、B3 从上往下施工，B4、B5 从下往上施工	B1、B2、B3、B4、B5 均从上往下施工

2.7 结论

为了充分利用建筑红线，超高层建筑在地下空间结构施工阶段场地非常紧张。实际施工时，根据工程土质情况、场地条件、周边环境、塔楼高度、工期要求等情况采取合适的施工方法，确保基坑与周边环境安全，解决场地狭小问题，加快塔楼施工进度，从而缩短工程总工期。顺作法、逆作法、顺逆结合等三种施工方法具有各自的技术特点和适用范围。

（1）当地质条件较好、周边环境保护较宽松、场地堆放条件宽裕、工期不是特别紧张时，适合采用顺作法施工；并且当建筑高度在400m以内时，优先采用顺作法施工。顺作法施工具有工艺成熟、工期较易掌握、作业面条件好、工程质量易保证等优点。

（2）当地质条件较差，周边环境保护要求高，整个地下结构平面尺寸不是特别大时，适合采用全逆作法施工。

（3）虽然地质条件较好，周边环境保护要求一般，但是当建筑高度特别高，或者工期特别紧张，而整个地下结构平面尺寸不是特别大时，适合采用全逆作法施工。

（4）当地质条件较差，周边环境保护要求高，基坑落地面积特别大，为了有效控制基坑变形，解决材料堆放问题，同时加快塔楼上部结构的施工，适合采用顺逆结合施工技术。

（5）为了裙房与塔楼一定楼层以下先行开业，缓解资金周转压力，适合采用顺逆结合施工技术。当塔楼不是特别高，则适用采用裙房先逆作、主楼后顺作；当塔楼特别高，如达到500m以上时，塔楼工期对整体工期的影响非常大，仍旧可以采用主楼先顺作、裙房后逆作的施工技术。

（6）对建筑高度在400m以上，或者工期特别紧张的工程，采用全逆作法施工或顺逆结合施工技术对加快塔楼施工进度的效果非常明显。

（7）顺作法施工时，为加强支撑刚度并且考虑为塔楼结构提供足够的材料堆场，可以将首层支撑设计成梁板结构形式；当基坑开挖深度大、平面尺寸大且较方正时，优先采用环形支撑体系，充分发挥混凝土结构受压性能良好的特点，并尽量将塔楼结构设置在环形支撑体系的中部位置，便于土方开挖与结构施工。

（8）顺作法施工时，对周边环境要求高、施工工期又非常紧张的工程，适合采用"绳锯切割结合明爆破碎技术"或"静态爆破结合明爆破碎技术"拆除钢筋混凝土内支撑，既加快了拆除进度，又最大限度地减小了支撑拆除对周边环境的影响。

（9）软土土质的基坑开挖时，根据"时空效应"，采用分区分层、对称开挖，最下层土方优先采用抽条开挖，并且将相对危险的中间区域土层留在最后开挖，削除基坑长边效应的影响。对附近存在重点保护的建筑物或管线一侧的基坑土方，等整个基坑支撑体系受力后再进行该侧土方的开挖，必要时进行注浆等加强处理。

第3章
软土地区深基坑支护形式的变形分析与方案比选

3.1　软土地区深基坑支护的特点

软土具有强度低、压缩性高、天然含水量高、孔隙比大、灵敏度高、扰动性大、地下水位高等特点，给深基坑的支护工作带来了难度。确保基坑安全、减小基坑变形并保证周围管线、市政道路与建筑物等的安全是基坑支护的主要目的。

通过对软土地区地下连续墙结合内支撑、排桩结合内支撑、复合土钉墙、多支护组合、逆作法等典型的基坑支护工程实例的监测成果进行分析，得出软土地区不同基坑支护形式的受力特点与变形规律，便于实际施工时根据土质情况、基坑深度、周边环境、工期要求等情况采取相应的基坑支护方案，既确保基坑与周边环境的安全，又做到经济可行。

3.1.1　深基坑支护变形特点

有研究将深基坑墙体水平位移曲线分为 3 类：悬臂形位移、深槽内向形位移、混合形位移。悬臂形位移一般发生在没有内支撑的自稳定性围护结构中，或发生在首道内支撑还没有完成的有内支撑的围护结构中；深槽内向形位移发生在内支撑完成以后，由于围护墙体受到内支撑构件的约束而产生。还有研究则根据台北的工程实测数据情况将深基坑墙体水平位移曲线分为 4 种类型：标准型、旋转型、多折型、悬臂型。

有研究对上海软土地区 58 个深基坑从基坑围护结构水平位移和坑外地表土体沉降等数据进行了分析，对围护结构主要研究分析了水平位移曲线的形态和最大水平位移的位置，并得出了软土地区深基坑变形的相关结论。还有研究对上海和杭州软土地区 46 个采用顺作法施工的深基坑工程的基坑位移情况进行分析研究，这 46 个深基坑采用灌注桩或地下连续墙作为围护结构，分析了围护墙体最大水平位移值与基坑开挖深度的关系，分析了支撑系统相对刚度对基坑围护墙体最大水平位移值的关系。

软土地区深基坑支护具有以下特点：

（1）随着基坑开挖深度的增加，最大水平位移呈增长趋势，但当基坑开挖深度达到一定值时，最大水平位移值的增长趋缓。

（2）最大水平位移值的位置绝大部分处于基坑开挖面上下部位，随着深度的增加，基坑最大水平位移值的位置有向上移动的趋势。上海地区的超深基坑的围护墙体最大水平位移一般位于基坑开挖面以上，主要是因为软弱土层——淤泥质黏土位于超深基坑的基底以上。

（3）软土地区超深基坑墙体水平位移的曲线形态与一般深基坑的形态类同，都呈现"大肚状"或"D"字形，并基本符合混合型曲线特点。

（4）逆作法、半逆作法、顺作法施工的超深基坑其围护墙体的最大水平位移值分别为 1.93‰oh、1.74‰oh、2.36‰oh，其中 h 指的是基坑开挖深度。半逆作法的基坑最大水平位移最小，顺作法的基坑最大水平位移最大（表3-1）。

表3-1　不同支护形式的最大水平位移对比

序号	支护形式	最大水平位移值
1	顺作法	大
2	逆作法	中
3	半逆作法	小

（5）圆环形深基坑的平均最大水平位移值小于一般形状的深基坑支护墙体；地下连续墙平均最大水平位移值一般小于钻孔灌注桩围护体。

3.1.2　逆作法深基坑支护变形特点

有研究对 23 个软土地区采用逆作法施工的深度从 10m 到 34m 的基坑进行了监测数据分析，对逆作法基坑围护结构水平变形曲线形状、围护结构最大水平位移及位置与基坑开挖深度的关系等进行了研究。

还有研究对根据上海软土地区 50 个采用地下连续墙作为围护结构的深基坑变形情况进行了研究，分析了基坑深度、支撑刚度对围护墙体最大水平位移及位置的影响。50 个基坑中开挖深度在 8.5m 到 10m 的有 2 个，10m 到 18m 的有 44 个，开挖深度大于 18m 的有 4 个，采用顺作法施工的有 39 个，逆作法施工的有 11 个。

软土地区逆作法深基坑支护具有以下特点：

（1）逆作法工程基坑围护结构的水平位移曲线与顺作法相同，与混合位移模式或旋转型曲线相符，围护结构最大水平位移随基坑开挖深度增大而增大，最大水平位移的位置随基坑开挖深度而下移，如图3-1所示为上海丁香路 778 号商业办公楼工程中其中一个测点的地下连续墙水平位移时程曲线图，是典型的混合位移模式或称旋转型曲线。

（2）逆作法基坑围护结构的最大水平位移比顺作法小，基坑深度越大逆作法的优势越明显，采用逆作法能有效控制基坑变形。

（3）逆作法工程基坑围护结构最大水平位移位置与顺作法工程不同，顺作法工程基坑围护结构最大水平位移的位置在基底附近，逆作法工程基坑围护结构最大水平位移的位置基本上在基底以上，基坑深度对逆作法基坑围护结构最大水平位移的影响不明显。

（4）在逆作法工程基坑围护结构中，表层土体最大沉降量与围护结构最大侧移比在基坑开挖前期较大，后期增速趋缓并逐渐稳定。

（5）在超深基坑中支撑刚度强弱对最大水平位移值的位置没有明显的不同。

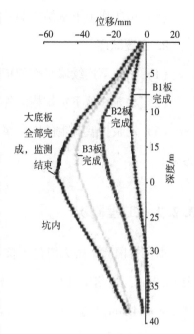

图 3-1　商业办公楼工程中
一个测点的地下连续墙
水平位移时程曲线图

3.2　地下连续墙结合内支撑的基坑支护

3.2.1　特点

1. 主要优点

（1）连续墙刚度大，基坑开挖时结构变形小，可承受很大的土压力，极少发生地基沉降或塌方事故，安全性高；

（2）整体性好，防水抗渗性能好，坑内降水对坑外影响小；

（3）施工时振动小、噪声低，对周边的地基无扰动，对周围环境影响小；

（4）结构变形和地基变形小，能够紧邻已有建筑物及地下管线开挖超深基坑，尤其在城市中心建筑物密集的地区，更显示出它的优越性；

(5) 可兼作地下室结构的外墙，配合逆作法施工，缩短工程工期、降低工程造价。

2. 主要缺点

(1) 用地下连续墙只作围护结构时，造价高，经济性较差；

(2) 如兼作地下室结构的外墙，墙面过于粗糙，需加工处理或另作衬壁。

(3) 泥浆护壁产生的废泥浆，除增加工程造价外，如果处理不当，还会造成新的环境污染。

3.2.2　工程概况

浙江省国际金融大厦位于杭州市凤起路与中河北路交叉口西南侧。基坑开挖深度主楼为14.25m，裙房为12.8m，电梯井等局部开挖深度达到16.25m。基坑平面净尺寸为91.3m×74.6m。基坑周边管线密布，西侧有原7层老楼。

地表以下30m深度内土层分布依次为：①层杂填土及素填土，层厚1.6~6.5m；②层粉质黏土，层厚0~2.8m；④-a层淤泥质粉质黏土，层厚6.3~9.5m；④-b砂质粉土，层厚3.1~4.5m；⑤层粉质黏土，层厚10~15m。潜水位于地表下1.0~1.5m；承压水位于浅部④-b砂质粉土，水头压力0.125MPa。

3.2.3　基坑支护方案

由于基坑开挖深度深，水位高，大部分土层为高压缩性土，又存在渗透性能良好、抗剪性能差的砂质粉土，而且周边环境复杂。为了有效解决挡土、渗漏与管涌等问题，决定采用地下连续墙结合三道行列式钢筋混凝土内支撑作为基坑挡土止水结构，基坑支护平面如图3-2所示。地下连续墙厚度为800mm，标准单元幅长度

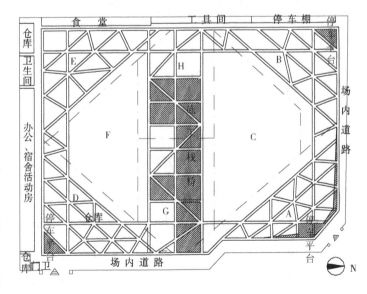

图3-2　金融大厦基坑支护平面图

52

6m，深度 29.25m、32m，采用柔性接头。坑内采用真空深井泵降水，共布置 11 口深井，深度为 20m。

3.2.4　监测结果

（1）基坑邻近地表沉降监测：各值在报警值内，最大值为 46mm。基坑角部沉降量比中部沉降量大。

（2）地下连续墙墙体水平位移监测：时程曲线图（图 3-3）表明，①第一次土方开挖剥除表层填土过程中，水平位移很小；②开挖第二道支撑与第三道支撑间土方时位移速率最大，与设计计算一致；③基坑挖到设计标高后，水平位移基本稳定；④在换撑过程中水平位移有所增长，特别是第一道支撑换撑时，对上部土体的影响较大。

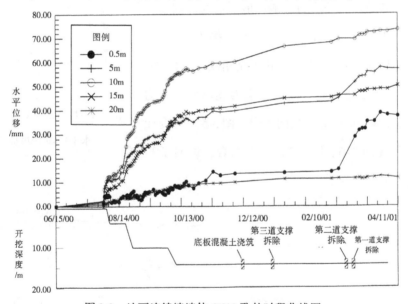

图 3-3　地下连续墙墙体 CX08 孔的时程曲线图

（3）坑外深层土体水平位移监测：其位移与地下连续墙墙体水平位移很接近，最大值在深度 9.0～10.5m，与设计的最大变形位置 9.5m 基本吻合。主楼部位水平位移最大值为 73.97mm，与基坑开挖深度的比值为 0.5%，与墙体深度的比值为 0.3%。裙房部位最大值为 58.53mm，与基坑开挖深度与墙体深度的比值分别为 0.5% 与 0.2%。如图 3-4 所示为地连墙墙后土体 CX13 监测点的水平位移-深度曲线图。

（4）基坑内、外地下水位监测：坑内地下水位维持在 12.5m 左右；坑外地下水位在基坑施工过程中水位维持在地下 1.03～2.73m，与地表潜水位、生活用水等有关。深井降水整体情况良好。

（5）基坑孔隙水压力监测：基坑开挖过程中，基坑内孔隙水压力由于深井降水明显下降。与坑外相比，坑内 T－1 段 32m 处最大减小 112kPa，T－2 段 26m 处最大减小 95kPa。坑内坑外的情况也说明了深井降水的良好效果。

（6）基坑内水平支撑轴力监测：在基坑开挖过程中各轴力均在安全值内。在支撑拆除过程中，使局部未拆除的支撑轴力发生显著增加，部分超过报警值（但未超过钢混凝土强度值）。

（7）地下连续墙钢筋应力监测：地下连续墙钢筋应力时程曲线图表明，－15m 以上开挖面一侧为拉应力，迎土面一侧为压应力；－15m 以下情况相反；－17.5m 处的开挖面与－5m 处的迎土面由压应力逐渐向拉应力转变。地下连续墙钢筋应力时程曲线图（图3-5）与设计计算的弯矩图（图3-6、图3-7）基本吻合，说明了基坑设计与施工的合理性。

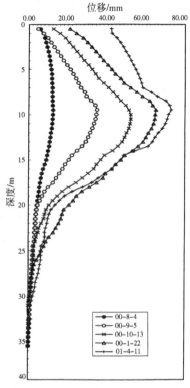

图3-4 墙后土体 CX13 监测点的水平位移-深度曲线图

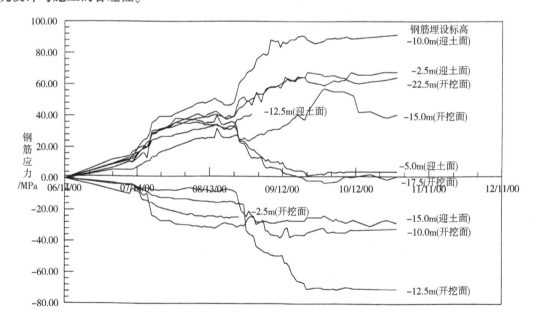

图3-5 地下连续墙钢筋应力时程曲线图

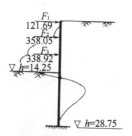

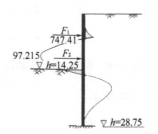

最大正弯矩：1347.5kN·m
最大正弯矩位置：11.3m
最大负弯矩：−815.07kN·m
最大负弯矩位置：18.9m

弯矩分布

图3-6　挖到基底的设计弯矩图

最大正弯矩：1307.5kN·m
最大正弯矩位置：10.9m
最大负弯矩：−816.78kN·m
最大负弯矩位置：18.9m

弯矩分布

图3-7　换撑后设计弯矩图

3.3　排桩结合内支撑的基坑支护

排桩支护是指利用通常的各类桩体，如钻孔灌注桩、沉管灌注桩、人工挖孔桩、预应力管桩、SMW 工法桩等，按一定间距成排、成列布置的地下挡土结构。

3.3.1　特点

（1）施工简单，抗弯刚度较大，稳定性好，变形小。

（2）围护桩及工程桩均为灌注桩时，两者可以同步组织施工，缩短工期。

（3）施工时振动小，噪声小，对环境影响小。

（4）在地下水位较多时，一般还应在排桩后侧设置止水帷幕。

3.3.2　工程概况

杭州娃哈哈美食城大厦位于庆青路与中山中路交叉口，地下 2 层，基坑开挖深度 9.7m，最深处为 10.5m。地表以下 30m 深度范围内土层分布情况为：杂填土及素填土、淤泥质粉黏土（层厚为 12～15m）、粉质黏土。地下水位于地表下 1.4m。

3.3.3　基坑支护方案

采用大直径钻孔灌注桩结合内外两道环形钢筋混凝土水平内支撑的支护方案。考虑周围管线密布、建筑物太近，决定不采用坑外降水措施，而在围护桩间嵌设 $\phi800$、长 14.3m 的三重管高压旋喷桩进行止水。基坑支护平面布置图如图 3-8 所示。

3.3.4 监测结果

（1）沉降观测监测：共布置了 71 个沉降观测点，坑外路面最大沉降量为 38mm。地下室底板浇捣完成后趋于稳定。

（2）深层土体水平位移监测：共布置

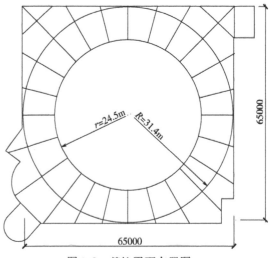

图 3-8 基坑平面布置图

了 6 个点，监测孔最大水平位移值为 62mm，最小为 16mm。最大水平位移值与基坑开挖深度的比值为 0.64%，与桩深度比值为 0.34%。各点的最大位移在地面下 7~8m（基坑上 1.3~2.3m）。最大值与土方开挖先后有关，先开挖处水平位移始终较大，且该工程水平位移较大处与渗水有相关性。基外土体水平位移曲线形状与浙江省国际金融大厦的基坑位移曲线相似。

（3）支撑轴力测试：支撑轴力最大值为 6975kN，最小值为 2615kN，内力实测值差距较大。轴力最大值与土方开挖先后顺序有关，且先开挖一角始终较大。内环梁比外环梁内力值始终要小些，内力实测值仅为设计值的一半左右。

（4）止水情况：由于存在粉质黏土，高压旋喷桩的止水效果不太理想。基坑施工过程中发生多处渗漏水现象。对软土与粉砂土互存的复杂地区采用地下连续墙支护可达到良好的止水效果。

3.4 复合土钉墙基坑支护

复合土钉墙是指土钉墙与一种或几种支护方式有机组合成的复合支护体系，与土钉墙复合的支护形式主要有预应力锚杆、止水帷幕、微型桩、挂网喷射混凝土面层等。

复合土钉墙支护具有技术先进、经济合理、施工灵活方便、支护能力强、可作超前支护、适用范围广的特点，并兼备支护、截水的作用。在工程实践中，组成复合土钉墙的各项技术可根据现场实际情况需要进行灵活的有机结合，因而得到了广泛的使用。

3.4.1 工程概况

黄岩区行政大楼位于台州市黄岩区环城北路北大桥头。地下室1层，基坑开挖深度为5.40m，临边电梯井开挖深度达8.2m。基坑周围附近无建筑物与永久性道路，周边环境较好。

地表以下30m深度范围内土层分布依次为：①层杂填土，层厚1.2~2.9m；②层淤泥质黏土，层厚1.0~3.3m，③层淤泥，层厚20.0~24.0m，层顶分布为地坪下1.93~3.89m。地下水位在地表下0.5~1.07m，主要为接受大气降水和地表水渗入补给的上层滞水和孔隙潜水。

3.4.2 基坑支护方案

基坑支护采用复合土钉墙围护方案，设置超前锚杆。土钉墙采用四至七排锚杆，锚杆长9~15m，水平间距1.0m，钢筋网为$\phi6.5@200\times200$，喷射100mm厚C20混凝土。超前锚杆从第二道水平锚杆起每排设置，长度为4.5m，间距为1.0m，与竖直方向夹角为10^0。

3.4.3 基坑监测与应急处理

（1）-5.4m基坑监测：在每层土体开挖时变形相对较大，完成支护后1~2天，变形速率减缓，到第3天变形速率基本趋于零，位移稳定且有所回复。在土方开挖到-5.4m以前最大位移控制在4.5cm之内，最大位移速率控制在9mm/d之内。整个基坑各段土体开挖、支护完毕后均在3~5天内变形趋缓并收敛稳定。

（2）-8.2m基坑施工与监测：最后开挖深度达到8.2m的电梯井时，挖土人员试图一次开挖到底（从-5.4m到-8.2m），结果坑外土体发生开裂，裂缝宽度最大在20mm左右，同时坡脚土体上涌30~50mm。发现情况及时制止，立即将土方回填到-5.4m的位置。监测成果表显示这次位移速率达2.3cm/d，最大位移深度在-9.4m位置。

（3）-8.2m基坑加固与监测：待土体基本稳定后，下挖1.0m到-6.4m处，将原100mm厚的C20喷射混凝土改为200mm厚C30喷射混凝土，配筋为$\Phi20@150$。并在-6.4m处预埋四块8mm×200mm×200mm的钢板埋件。采用加工成"［ ］"形的槽钢［22

对撑（对撑长度为 12m），槽钢间用钢管连接增加稳定性。同时将超前锚杆加长到 6m，水平锚管加长到 18m。加固完成后第二天土体逐渐稳定，然后分层施工到 −8.2m。此后土体位移速率控制在 2.5mm/d 内，并逐渐稳定、收敛。图 3-9 为基坑开挖深度 8.2m 的深度-位移曲线图，图 3-10 为基坑开挖深度 5.4m 的深度-位移曲线图。

（4）从图 3-9 可以看出：在 −6.4m 处加设一道对撑钢梁并将下部支护加固，超前锚杆

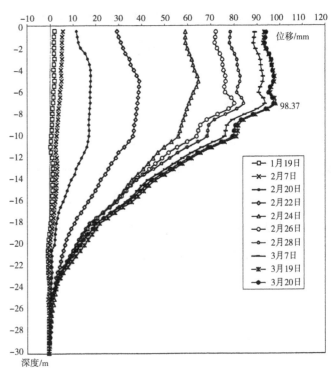

图 3-9　挖深 8.2m 的水平位移 − 深度曲线图

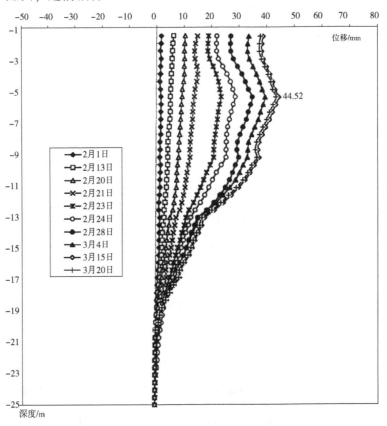

图 3-10　挖深 5.4m 的水平位移 − 深度曲线图

加长后，-7.0m 以下土体的水平位移得到明显控制，在曲线图中下部土体的位移"收"得较快，上部土体的位移也得到有效控制。加固后变形情况与桩墙内支撑支护相似。

3.5 超大超深基坑支护技术

3.5.1 特点

超大超深基坑的施工面积很大、影响范围很广、施工工期很长，影响基坑安全的因素众多，施工更复杂，难度更大。对于基坑平面尺度大于 100m 的超大基坑，支撑构件因为温差、徐变等因素导致的水平轴向变形较大，从而造成基坑围护墙体的水平位移值较大，因此根据"大基坑小开挖"的原则，可以通过分期地下连续墙或排桩等硬分隔措施将超大基坑划分成若干个小基坑，简称为分坑技术。根据上海软土地区基坑施工经验，一般的分区面积控制在 10000m²；中等分区面积控制在 2 000 ~ 6 000 m²；紧邻地铁线路等保护性区域的超深超大基坑，分区面积控制在 1000m²，长边长度控制在 50m 以内，短边长度控制在 20m 以内，为快速施工可以采用预应力钢管支撑结合土方抽条开挖技术。上海市静安大中里综合发展项目基坑面积 53000m²，开挖深度 15.60 ~ 23.50m，通过临时隔断将 53000m² 的超大基坑分成 13 个小基坑，最大分区基坑面积为 12 000m²，邻近地铁的小基坑面积大约 1 000m²，通过两墙合一和分区顺作法施工确保了基坑与周边环境的安全。有研究对上海软土地区某地下 4 层的深基坑支护施工过程中的支护变形、周围房屋变形进行了分析对比，得出对超大超深基坑采用分坑技术可以有效降低支护变形与坑外周边土体的变形，不采用分坑技术的基坑变形远大于采用分坑技术的基坑变形。

对于变形控制要求较高的超大超深基坑优先采用地下连续墙，因为地下连续墙平均最大水平位移值一般小于钻孔灌注桩围护体。圆环形深基坑的平均最大水平位移值小于一般形状的深基坑支护墙体，因此在有条件设置圆周形支撑的情况下优先考虑采用圆环形支撑。基坑特别大的超深基坑，条件允许时可以考虑在基坑中部设置缓冲区，一方面将超大基坑小型化，另一方面通过设置缓冲区减小基坑施工相互间的变形影响。有研究对上海外高桥软土地区某 L 形工程的基坑施工情况进行分析，该工程基坑面积达到 44232m²，主楼开挖深度为 13.15m，裙房开挖深度近 12m，基坑总长度达到 1000m，基坑临近 6 号线地铁高架桥，由于基坑面积超大、边长超长、土质差、开挖深度深且对周边环境的变形控制要求高等特点，因此采用"基坑分区 + 缓冲区"的顺作法施工方法以减小基坑变形。将基坑分成 ABC 三个区（图 3-11），其中AC 两个区为主施工区，两者中间相隔 24～50m，该相隔区就是作为缓冲区的 B 区。两幢超高层分别位于 A 区与 C 区，AC 两区先行同步施工，抓住关键线路，满足工期施工要求，等 AC 两区地下一层结构施工完成，混凝土强度达到 80% 且完成土方回填以后，再进行缓冲区 B 区的基坑开挖。由于缓冲区

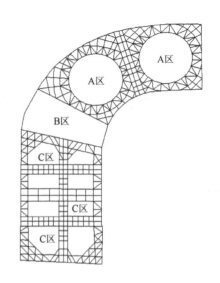

图 3-11　基坑分区示意图

的基坑宽度达到 AC 两区开挖深度的 2 倍以上，因此 AC 两区同步施工时相互间基本没有变形的影响。根据 AC 两区基坑尺寸等特点，A 区采用双圆环形钢筋混凝土支撑体系，C 区采用钢筋混凝土对撑 + 角撑的支撑体系，首层土方开挖时 AC 两区均采用大开挖；二次土方开挖时 A 区采用岛式开挖，C 区由于基坑边长较长采用盆式开挖以便尽早形成对撑，做到"大基坑小开挖"，从而减小基坑变形；第三次土方开挖时 A 区 C 区均根据后浇带分块开挖，AC 两区支撑支护与土方开挖的对比情况见表 3-2。施工监测的结果表明基坑围护墙体的深层水平位移满足设计要求，临近的 6 号线地铁高架桥的累计沉降量为 0.14～0.64mm，沉降量在安全范围以内。

表 3-2　上海外高桥软土地区某 L 形基坑土方开挖情况

序号	部位	支撑体系	土方开挖方法	
			相同点	不同点
1	A 区	双圆环形钢筋混凝土支撑	第一层土方采用大开挖，第三层土方根据后浇带分块开挖	第二层土方岛式开挖
2	C 区	桁架式钢筋混凝土支撑		第二层土方盆式开挖

　　根据逆作法基坑围护结构的最大水平位移普遍比顺作法小的事实，在超大超深基坑施工时采用逆作法技术以有效控制基坑变形。逆作法施工的主要优点是：对周围环境影响小，施工工期短，临时支撑投入量小。逆作法施工的主要缺点是：工艺复杂，技术要求

高；操作空间狭小，通风与照明条件非常差，施工效率较低。逆作法施工技术包括全逆作法施工技术与半逆作法施工技术，适合于地下大空间结构的施工。逆作法施工还可以与顺作法施工相结合，分别取顺作法和逆作法之长，减小基坑变形对周围环境的影响，有效提高施工效率。

因此对于软土地区的超大超深基坑施工中应考虑将超大基坑小型化，综合考虑采用地下连续墙、圆环形支撑、逆作法等技术，并可以根据实际情况是否结合缓冲区进行施工。软土地区超深超大基坑紧邻地铁线路、古建筑等保护性区域的一侧的基坑小型化成狭长形的基坑，采用钢支撑轴力伺服自动补偿技术并结合土方抽条开挖技术进行施工。圆环形支撑应做到对称均衡开挖，使环形支撑均匀受力，从而使各个方向的变形均衡，基坑圆心不"飘移"。

3.5.2 上海白玉兰广场

1. 工程概况

上海白玉兰广场工程总建筑面积约 41 万 m²，由办公楼、酒店和展馆组成。工程整体地下室 4 层，办公楼地上 66 层，高度达到 320m；酒店地上 39 层，高度 172m；展馆地上 5 层，高度 47m。其中办公楼采用"钢框架—核心筒—伸臂桁架"框架结构，在 34 至 36 层、65 至 66 层设置了 2 道巨型伸臂桁架，将钢筋混凝土核心筒与外框架接成整体。基坑面积大约为 44000m²，开挖深度 21m，最大开挖深度为 29m。基坑东侧是变电站，南侧是东大名路和密集的市政管线，西侧是老式住宅区，北侧是轨道交通 12 号线，基坑周边环境复杂，基坑变形控制的要求很高。

2. 施工方案

根据土质情况和基坑周边环境的特点，特别是基坑北侧是轨道交通 12 号线的实际情况，对基坑采用分坑施工的总体方法。

基坑分区根据变形控制的重要程度和上部结构的布置情况，采用地下连续墙将 44000m² 的大基坑划分为 A、B、C1、C2、D1、D2、D3、E 等 8 个小基坑（图 3-12）。最大的两个小基坑是 C1 和 C2，面积分别是 13550m² 和 12100m²；最小的 3 个小基坑是 D1，D2，D3，位于大基坑北侧，面积分别是 781m²，945m²，871m²。通过大基坑分区以后将基坑小型化，便于控制基坑变形，同时满足上部结构的施工，并优先满足塔楼结构的施工。

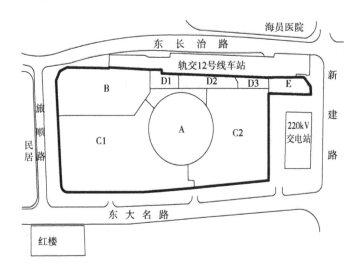

图 3-12　白玉兰广场基坑分区图

C1 和 C2 区域采用逆作法施工，E 区域采用框架逆作法施工。D1，D2，D3 区域采用混凝土支撑＋钢支撑的混合支撑体系，钢支撑采用液压自动伺服系统，D1，D2，D3 区域采用先两边再中间的方法，即先开挖施工 D1，D3 区域，再开挖施工 D2 区域。A 区域采用圆形围护体系，由于办公塔楼位于该区，因此 A 区域先于 C1 和 C2 区域施工。B 区域采用常规钢筋混凝土支撑体系，由于酒店塔楼和展馆位于该区，因此 B 区域在进度安排上是重要施工的区域。两幢塔楼的 A 区域和 B 区域是最早施工的两个区域。

3. 施工情况

通过将超大基坑小型化，采用分区分阶段施工和逆作法施工等施工技术，减小基坑变形，突出塔楼施工，满足材料堆放和机械进出要求，确保了工程的顺利进行。

3.5.3　武汉绿地中心

1. 工程概况

武汉绿地中心由一栋超高层主楼、一栋办公辅楼、一栋公寓辅楼及裙房组成，地下 6 层，其中塔楼地上 125 层，建筑高度 636m，屋面结构标高为 586.000m。塔楼采用"巨型框架＋伸臂桁架＋核心筒"的结构形式，巨型框架由巨型柱、环带桁架和水平钢梁组成。

地下室基坑外围尺寸为 300m×120m，基坑开挖深度 27～34m，基坑距离长江大约 230m。工程地质属于长江南岸 I 级阶地地貌，深基坑施工主要涉及土层的分布依次为：

①层杂填土、②-1层粉质黏土夹粉土、②-2层淤泥质粉质黏土、③-1层粉质黏土夹粉土、③-2层粉砂夹粉质黏土、④层细砂、⑤层含砾中细砂、⑥层泥岩。其中②-2淤泥质粉质黏土层是基坑开挖深度范围内的主要软弱土层，具有强度低、含水量高、孔隙率大、灵敏度高、压缩性高等特点，对基坑变形控制极为不利。

2. 基坑支护方案

基坑施工采用"一分为三+左右先作+中间设缓冲区后作"的施工方案，并结合了两墙合一、圆环形支撑体系和旋转式栈桥等技术。

由于基坑长边达到300m，对基坑变形控制极为不利，通过在基坑中部短边方向设置2道临时地下连续墙，将整个基坑分为三部分，分别为塔楼区域（Ⅰ区）、裙房区域（Ⅱ区）和缓冲区域（Ⅲ区），如图3-13所示。

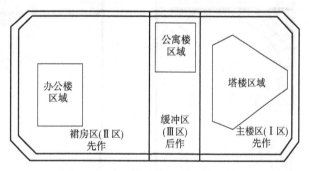

图3-13　武汉绿地中心基坑分区图

塔楼区域（Ⅰ区）基坑采用圆环形支撑体系，竖向设置5道钢筋混凝土内支撑；裙房区域（Ⅱ区）基坑采用双半圆环形支撑结合对撑的支撑体系，竖向设置4道钢筋混凝土内支撑。由于塔楼区域（Ⅰ区）与裙房区域（Ⅱ区）基坑开挖深度不同、支撑形式不同，因此中间区域（Ⅲ区）作为缓冲区域（图3-14），先施工两侧的塔楼区域（Ⅰ区）和裙房区域（Ⅱ区），等这两个区域的地下室结构完成以后再进行中间区域（Ⅲ区）土方开挖，以减少塔楼区域（Ⅰ区）与裙房区域（Ⅱ区）在基坑土方开挖过程中的相互干扰。Ⅲ区宽度较小，在竖向设置了4道钢筋混凝土支撑，采用对撑+角撑的布置形式。由于塔楼区域（Ⅰ区）和裙房区域（Ⅱ区）采用的是圆环形支撑体系和双半圆环形支撑体系，采用岛式开挖；Ⅲ区采用对撑+角撑的布置形式，采用盆式开挖。

3. 施工监测

基坑监测成果表明围护结构变形和地表沉降主要发生于土方开挖阶段。地下连续墙最大水平变形约为75mm，最大水平变形的位置在基底以上接近坑底位置，具体是在第4道和第5道内支撑之间靠下部位置（图3-15）。

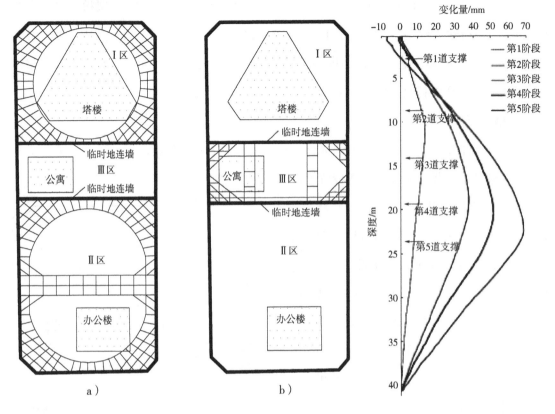

图 3-14　基坑分区施工示意图　　　　　　　图 3-15　水平位移深度曲线图

a）基坑Ⅰ、Ⅱ区顺作阶段　b）基坑Ⅲ区逆作阶段

对超大超深基坑在中部设置后开挖的缓冲区域，控制基坑平面开挖尺寸，能有效减小基坑变形，确保基坑安全。采用入岩地下连续墙结合大直径高压旋喷桩封堵技术能有效解决沿江超深超大基坑工程的降隔水难题。

软土地区超大超深基坑采用设置缓冲区控制基坑变形的工程越来越多，天津滨海高新区中央商务区双子塔 B 塔楼与中央商务区二期会展中心工程基坑相连接，共用 1 道地下连续墙，在双子塔 B 塔楼一侧设置缓冲区，先进行两侧基坑的土方开挖，然后进行缓冲区的土方开挖，施工效果良好。

3.5.4　上海由由国际广场

1. 工程概况

上海由由国际广场位于上海市浦东新区，东南北三侧均紧邻城市道路，西侧为由由大酒店。工程由 N1 和 N2 两个地块组成，地上部分由一条市政道路分开，地下部分联成一体

（图 3-16），右边为 N1 地块，N1 地块由 1 幢 37 层酒店和 1 幢 21 层公寓及 3 层的裙房组成；左边为 N2 地块，N2 地块由 1 幢 23 层办公楼和 5 层的裙房组成。整个工程的地下室为二层，基坑开挖深度达到 10~12m。场区内土质上部 1m 左右为杂填土，下部以淤泥质土为主，呈软~流塑状，周边环境的保护要求高。

2. 基坑支护方案

基坑占地面积非常大，达到 3.5 万 m²，塔楼处于基坑中部位置，因此考虑采用"主顺裙逆"施工技术。上海由由国际广场业主要求裙房和塔楼低区提前完成、先行营业，并且两个地块的 3 幢塔楼的最大高度是 133.75m，在超高层建筑中其高度相对较低，因此采用"裙房先逆作、主楼后顺作"的施工技术，确保裙房和塔楼低区能够提前投入使用。

首先采用逆作法施工由由国际广场的裙房部分地下结构，同时在塔楼区域形成 3 个圆形大空间支撑结构（图 3-17）；等裙房结构逆作施工到基础底板以后，再开始顺作施工塔楼结构。基坑围护墙体采用地下连续墙，塔楼采用圆形大空间支撑结构，一方面圆形支撑结构受力合理，充分利用圆拱结构的特点，将支撑体系受到的水平推力转化为钢筋混凝土环梁的轴压力，发挥混凝土构件受压性能良好的特点，支撑结构整体刚度好；另一方面设置圆形支撑形成中部无支撑的大空间，便于土方开挖与结构施工，并将塔楼与裙房分成两个相对独立的空间，可以根据各自特点安排施工计划。

图 3-16　上海由由国际广场效果图

图 3-17　上海由由国际广场逆作法施工

3. 施工监测

经过施工监测，围护桩的最大水平位移为 28.24mm，最大位移深度 8.8m，围护桩的平均水平位移为 24.67mm。在基坑北侧靠近地铁线路处设置了 3 个监测断面，在整个施工过程中，地铁一侧的地表最大沉降值分别为 3.57mm，3.82mm，3.98mm。虽然围护墙没有采用地下连续墙，而采用了排桩，但是由于采了"主顺裙逆"施工技术，主楼在中央，裙房在周边，且采用盆式开挖与分层分块技术，围护桩的相对变形控制在 0.28% 以内，极大地体现了逆作法施工控制基坑变形的优势。

3.5.5 上海中心大厦

1. 工程概况

上海中心大厦位于上海浦东陆家嘴金融贸易区，与环球金融中心、金茂大厦组成了"品"字形的超高层建筑群，场地狭小，环境保护要求高，土质条件较差，工期紧张。工程总建筑面积433954m²，地下5层，地上塔楼119层，裙房5层，结构总高度580m，建筑总高度632m。

本工程场地150m深度范围内的土层主要由饱和黏性土、粉性土和砂土组成，其中第⑤、⑦层分为多个亚层，第⑧层缺失，第⑦、⑨层土连通。24m深度范围以内的土层是黏土为主的软土层，具有低强度、高含水率、高孔隙比、高灵敏度、高压缩性等不良地质特点。主塔楼区基坑深度31.10m，局部深度达到33.10m，裙房区基坑深度26.70m，局部深度达到29.25m。

2. 基坑支护方案

基坑平面呈四边形，最短边长为142m，最大边长为225m，基坑面积约为34960m²。由于本工程的基坑属于超大超深基坑，每边长度远远大于100m，因此在塔楼与裙房间增设1道分期地连墙，将整个基坑划分为主楼区和裙房区两个相对独立的基坑（图3-18），基坑支护总体方案采用主顺裙逆，即主楼先顺作、裙房后逆作的施工技术。

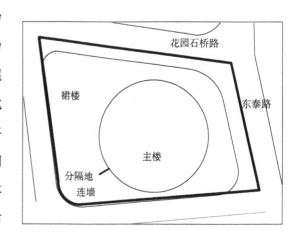

图 3-18 上海中心主楼基坑施工示意

塔楼区围护采用121m直径的环形地下连续墙围护体系，地连墙厚度1200mm，支撑体系为6道环形圈梁。塔楼采用明挖顺作法先行施工，环形支撑圈梁随挖随撑。塔楼土方开挖采用岛盆结合方式，第 1、2 层土方采用盆式开挖，第 3、4、5、6 层土方采用岛式开挖，第 7 层土方采用盆式开挖。

裙房区围护结构采用两墙合一的地下连续墙，地下连续墙厚 1.2m、深 48m。塔楼地下结构施工完成以后，裙房地下结构开始逆作施工，裙房区域采用一桩一柱，利用结构梁板兼作水平支撑。裙房采用盆式开挖，分区对称施工，施工时根据工程进度逐步拆除临时分期地连墙。

3. 施工监测

塔楼顺作法与裙房逆作法施工的地下连续墙的监测结果与设计值基本吻合，符合软土地区地下连续墙的变形规律，图 3-19 所示为围护墙测斜点在各工况下的典型水平位移状况。

塔楼顺作法施工阶段，塔楼临时地下连续墙的监测结果如下。

（1）临时地下连续墙最大水平位移值为 52.9 ~ 96.2mm，最大水平位移平均值为 78.3mm，最大水平位移平均值与开挖深度的比值为 0.215%，小于上海地区同类型明挖顺作法施工的基坑，主要原因一是圆环形支撑的受力特性好，圆桶效应明显；二是临时地下连续墙外侧裙房桩墙的阻隔作用。

（2）主楼地下连续墙最大水平位移发生在地面下 17m 的位置，在最大开挖面以上约 0.46H，位于基坑深度的中部位置，主要原因一是地下连续墙插入了力学性能较好的土层中，基底位于较好的⑦1 砂质粉土上，基底以下 5、6m 是更好的⑦2 粉砂层；二是圆形支撑的圆桶效应在⑦1、⑦2 土层发挥了很好的作用。

（3）裙房逆作法施工阶段，裙房地下连续墙的监测结果：20m 深度处地下连续墙侧向变形趋势与地下连续墙最大侧向变形趋势基本相同，最终变形值基本相同，也就是说地下连续墙最大水平位移在 20m 深度处。地下连续墙变形最大的点是 P16，其最大水平位移接近 100mm。如图 3-20 所示是典型测点 P24 的地下连续墙侧向深层水平位移计算值与实际测量值的比较，括号中是 M 的值为实测值，括号中是 C 的值为计算值，地下连续墙最大的侧向深层水平位移实测值与计算值基本一致，实测值的最大水平位移的深度比计算值浅，说明裙房区采用逆作法结合盆式开挖、分区对称施工的效果非常理想。

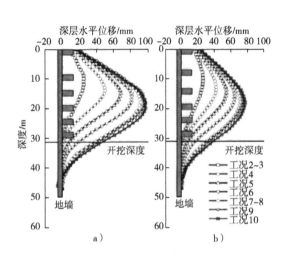

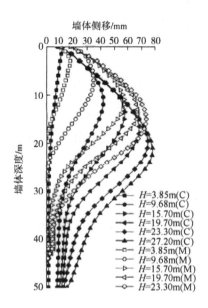

图 3-19 各工况下围护墙的典型水平位移

a) 水平位移最大值（P11 测点） b) 水平位移平均值

图 3-20 测点 P24 处墙体深层水平位移

计算值与理论值的比较

3.5.6 超大超深基坑支护技术比较

通过对软土地区上海大中里综合发展项目、上海外高桥某工程、武汉绿地中心、上海由由国际广场、上海白玉兰广场和上海中心大厦等 6 个超大超深基坑工程的基坑情况、支护技术、施工特点等进行分析比较，分坑技术、缓冲区技术、顺逆结合施工技术是减小基坑变形的重要手段，具体情况见表 3-3。

表 3-3 超大超深基坑支护应用技术

工程名称	基坑尺寸与挖深	施工支护技术	技术特点
上海大中里综合发展项目	基坑面积 53000m²，挖深 15.60～23.50m	两墙合一，通过临时隔断将超大基坑分成 13 个小基坑，分区顺作施工	临时隔断 + 分区顺作
上海外高桥某工程	L 形基坑面积 44232m²，主楼挖深 13.15m	分区顺作 + 中间设缓冲区后作。通过临时钻孔灌注桩将基坑分成 3 个区，A、C 区先行同步顺作，中间的 B 区为缓冲区后作	临时隔断 + 缓冲区 + 分区顺作
武汉绿地中心	300m×120m 的矩形，挖深 27～34m	分区顺作 + 中间设缓冲区后作，两墙合一，圆环形内支撑。通过临时地连墙将基坑分成 3 个区，1、2 区先行顺作，3 区为缓冲区后作	临时地连墙 + 缓冲区 + 分区顺作

（续）

工程名称	基坑尺寸与挖深	施工支护技术	技术特点
上海由由国际广场	基坑开挖深度达到 10 ~ 12m	主顺裙逆，即裙房先逆作、主楼后顺作的施工技术	临时地连墙 + 主顺裙逆
上海白玉兰广场	基坑面积 43953m²，挖深 21m，最深 29m	逆作法 + 分区顺作 + 两墙合一 + 圆环形内支撑。临时地下连续墙将基坑划分为 8 个区域进行施工，C1、C2 逆作施工	临时地连墙 + 分区顺作与逆作
上海中心大厦	边长 142 ~ 225m，面积 34960m²，塔楼挖深 33.10m，裙房 210.2m	分期地连墙将基坑划分为主楼区和裙房区，分区施工，主顺裙逆，即主楼先顺作、裙房后逆作。塔楼采用环形地下连续墙围护体系	临时地连墙 + 主顺裙逆

3.6　方案比选

3.6.1　公元大厦

1. 工程概况

公元大厦（又称杭州环球时代广场）位于杭州市黄龙体育中心西侧，求是路北侧。地下 2 层，地上部分由两幢 21 层主楼与 4 层裙房组成，建筑总高度为 77m，建筑面积为 115000m²。主体采用钢筋混凝土框架剪力墙结构，工程桩采用人工挖孔桩和钻孔灌注桩。基坑落地面积为 18030m²，开挖深度为 8.9m，局部深度为 11.4m。基坑开挖范围内除表层杂填土、淤泥质填土与粉质黏土（约 3m 厚）外，中间层为饱和性淤泥质黏土（厚度为 3 ~ 5m），基底开挖面为⑨ – 1 粉质黏土。地下水位在地表下 1.1 ~ 2.2m，为潜水型，受大气降水影响显著。

基坑东侧 1.99m 处有一埋深 1.8m 的给水管，东侧北部 Q ~ W 距基坑约 4m 处有一埋深 1.8m 的热力管道。基坑距黄龙体育中心环道边线约 6m，其他周边情况较好。

2. 方案选择与特点

（1）方案选择　经过综合考虑决定采用两种多支护基坑组合方案。

1）方案 1：东侧北部基坑边有大量热力管线；基坑东南部淤泥层厚度达到 5m，比其他部位厚 2m 左右，且坑边有给水管。决定在基坑东北侧与东南侧采用排桩结合一道钢筋混凝土水平内支撑为主的支护形式,可有效控制基坑东南、东北两个角部的变形,减小坑边管线的变形坡度差,防止管线破坏(通常管线破坏不是由绝对变形引起,而是由相对变形引起的,《基坑工程手册》提出煤气管道和上水管道的允许沉降差为 $1\%L$,L 为每节管的长度)。基坑上部 80cm 土层采用 1:1 放坡,70cm 土层为水泥搅拌桩重力式支护,下部为排桩内支撑支护。

钢筋混凝土水平内支撑位于地下一层楼面以上。钻孔灌注桩有效长度为 13.3m,直径为 700mm,主筋配置为 12Φ22。

2)方案 2:基坑其余部位采用大放坡、复合土钉墙与排桩内支撑相结合的支护形式。上部 1.4m 土层采用 1:1 放坡;-3.000m 标高以下设三道土钉,与水泥搅拌桩形成复合土钉墙;-5.600m 以下为排桩内支撑支护。钢筋混凝土水平内支撑位于地下一层楼面以下。钻孔灌注桩底标高比方案 1 提高 1m。钻孔灌注桩有效长度为 9.8m,角撑部分直径为 600mm,主筋为 10Φ20;对撑部位直径为 700mm、主筋为 12Φ20。

(2)方案特点

1)协同作用:为解决不同支护形式间的协同作用问题,使不同的支护结构更好地共同作用,将两个方案的压顶梁连接起来,并将连接部位进行加强。方案 2 中大放坡与土钉墙支护所占比重相对较大,故将第三道土钉设置在压顶梁部位,加强土钉墙与排桩的协同作用。

2)共同特点:本支护设计除满足结构承载力外,一方面能确保支撑与结构板面之间有一定的施工空间;另一方面其竖向净空能满足小型挖土机挖土的条件。基坑内外采用明沟集水井方式排水。

3. 基坑施工

(1)施工顺序 基坑分为 A、B、C、D、E、F 六个区块进行施工,土方从基坑西侧中部出土(图3-21)。首先留设中心岛土墩进行土钉墙与大放坡施工;然后开挖内支撑上部土方并留设南北两个中心岛,按 B、F→A、E→D、C 的顺序进行土方开挖,每个区块开挖到位立即进行支撑施工;接下来开挖中心岛留土部分土方。支撑达到设计强度的 80% 后,先开挖 A、B、E、F 区支撑下部主楼部位土方,随后开挖中间其他部位土方。土方开挖到设计标高后进行地下室结构与传力带施工并进行换撑。

(2)基坑施工

1)大放坡、土钉墙施工:大放坡做到坡度准确、及时覆盖。土钉墙按要求进行分层

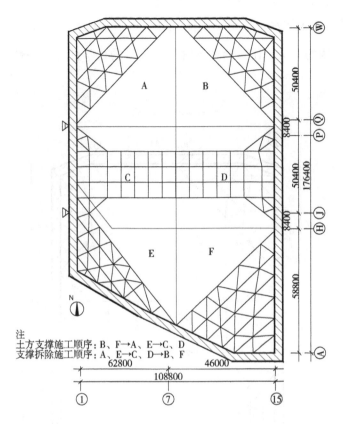

图 3-21　公元大厦基坑施工分区图

分段施工，土方开挖到位后立即进行土钉墙施工，土钉强度达到设计要求后，方可进行下一层土方开挖。

2）内支撑上部土方施工：先高后低，先角撑后对撑，对称均衡施工，逐层分块开挖。每层土方开挖完成后立即制作钢筋混凝土内支撑，每个角撑与对撑浇筑后即可控制相应区域的变形。

3）内支撑下部土方施工：先开挖南北两侧土方，再开挖中间部位土方，一方面有利于控制基坑变形，另一方面使主楼土方尽快开挖到位，及早施工主楼底板。

4）换撑施工：根据地下一层楼面位于 B、F 区内支撑下方，而位于其他区块内支撑上方的特点进行换撑施工。相应地下室底板施工完毕后，先施工 B、F 区地下二层结构及传力带，同时拆除 A、E 区角撑并进行该区块地下二层结构及传力带施工，再拆除中间 C、D 区对撑并进行该部分地下二层结构及传力带施工，B、F 区地下二层结构及传力带养护到设计强度的 80% 后拆除 B、F 区角撑并进行地下一层结构施工。

4. 施工监测

（1）监测内容与控制标准值

1) 进行坑外深层土体水平位移、土体沉降、地下水位和水平支撑轴力等的监测，以确保基坑与地下管线的安全，比较两种基坑组合方案的科学性与经济性。基坑支护监测点布置如图3-22所示。

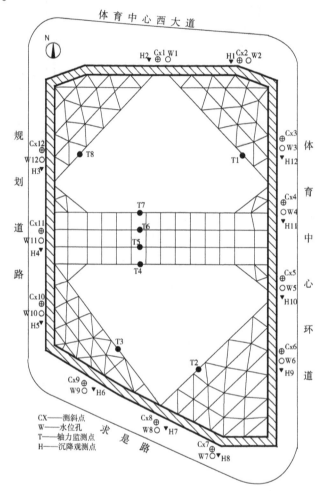

图 3-22　公元大厦基坑监测布置图

2) 监测控制标准值如下：①最大水平位移为40mm，位移变化速率为3mm/d；②支撑轴力为5000kN；③水位变化为800mm；④坑外土体沉降量为20mm。

（2）监测成果分析

1) 方案1在B、F区的水平位移见表3-4。F区基坑土体水平位移值比B区大，主要是受④淤泥质黏土的影响，F区④淤泥质黏土厚度达到5m，而B区只有3m。监测点02的设置过于偏向角部，位移值较小，其他三点的最大水平位移平均值为40.33mm。最大水平位移平均值与基坑开挖深度的比值为0.45%，与钻孔灌注桩深度的比值为0.27%，位移情况比较理想，说明方案1的设计与施工比较合理。

表 3-4　方案 1 在 B、F 区的水平位移

部　位	监测点	最大位移值/mm	平均值/mm	四个测点平均值/mm	平均值与开挖深度比值
B 区角撑	02、03	30.08、39.30	34.69	37.77	0.42%
F 区角撑	06、07	42.07、39.63	40.85		

2) 方案 2 对撑与角撑的水平位移见表 3-5，对撑和角撑的坑外土体最大水平位移值接近一致，6 个监测点的平均值为 39.78mm，与基坑开挖深度及桩长的比值分别为 0.45%、0.29%，基坑位移情况比较理想，说明方案 2 的设计与施工比较合理。

表 3-5　方案 2 对撑与角撑的水平位移

部位	监测点	最大位移值/mm	平均值/mm	六个测点平均值/mm	平均值与开挖深度比值
角撑	09、10、12	37.66、43.01、39.82	40.16	39.78	0.45%
对撑	04、05、11	39.48、41.97、36.41	310.29		

3) 两种方案角撑部位的水平位移见表 3-6，5 个监测点的土质情况基本相同。方案 1 坑外土体水平位移平均值比方案 2 小，说明在 B 区（有重要管线）与 F 区（土质较差）两个重要部位选择方案 1 的正确性与必要性。

表 3-6　两种方案角撑部位的水平位移

方案	监 测 点	最大位移值/mm	平均值/mm
方案 1	02、03	30.08、39.30	34.69
方案 2	09、10、12	37.66、43.01、39.82	40.16

4) 最大水平位移与深度的变化。在换撑过程中坑外土体最大水平位移增大了 12 ~ 27mm，在原基础上有较大增幅。换撑前基坑最大水平位移深度在地表下 4 ~ 4.5m，换撑后都抬高了，方案 1 均上升到 2m，方案 2 中除监测点 04 为 2m 外均上升到 3m。最大水平位移深度的上升是由换撑引起的。如图 3-23 所示为监测点 08 的位移—深度曲线图。

在典型的深度-位移曲线图中，重力式挡土墙（或土钉墙支护）坑外上部土体位移呈发散状分布且位移值较大；排桩内支撑支护中上部土体位移一般较小且比较集中。本工程

的深度-位移曲线图反映了大放坡、重力式挡土墙（或土钉墙支护）与排桩内支撑结合的特点，最大水平位移深度位于基坑中上部。典型的饱和软黏土在支护排柱或墙体有足够插入深度时，其最大水平位移出现在坑底附近；而中性黏土其最大水平位移出现在基坑中下部。如果本工程采用纯排桩内支撑支护形式，最大水平位移估计出现在地表下 5~6m 位置。因此对周边有浅埋重要管线的基坑宜采用以排桩为主的支护方式。

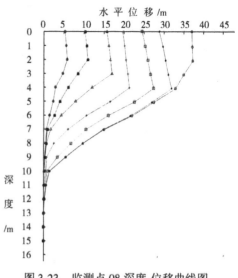

图 3-23　监测点 08 深度-位移曲线图

5）基坑沉降、水位及轴力监测。各轴力最大值分别在 2000~2415kN 之间，方案 1 的支撑轴力比方案 2 大，各支撑轴力均在警戒标准值以内。水位变化在 3.08~3.75m，各监测点比较接近。基坑土体沉降量为 5~8mm，在监测控制标准值以内。

5. 结语

两种多支护组合基坑支护方案在公元大厦得到灵活应用，在土质较差与基坑变形要求高的部位采用以排桩内支撑为主的多支护组合方式，排桩内支撑支护可有效控制基坑上部的变形；在其他一般部位采用了大放坡、复合土钉墙与排桩内支撑组合的支护方案，经济性强。通过灵活应用与科学施工，既确保了基坑与周边管线的安全，又最大程度地节约了成本。基坑监测成果充分说明了灵活运用不同的基坑组合方案的科学性与经济性。

3.6.2　浙江省国土资源厅工程

1. 工程概况

浙江省国土资源厅工程位于杭州市天目山路与杭大路口，地下室为二层，地上由一幢 15 层和二幢 12 层大楼组成。工程建筑面积为 65869m²，其中地下室为 19441m²。工程采用钢筋混凝土框架剪力墙结构、桩筏基础。基坑平面呈狭长的矩形，东西向长度约为 189m，南北向约为 52m。基坑南侧距西溪路 2.90m，北侧距河道 13m。主楼基坑开挖深度为 11.29m，裙房开挖深度为 8.69m，局部开挖深度 12.64m。地下水位在地表下 1.0~1.5m。场地内淤泥质黏土厚度较厚（一般在 7~8m）；粉质黏土层较薄；全风化角砾凝灰岩层顶标高较低，西北部岩层埋深为 -18.5m，北侧基坑边绝大多数为 -14.7m，其他基坑边绝大多数为 -11.7m。土层及其物理力学性质见表3-7。

表3-7　土层及其物理力学性质

土层及名称		重度 $r/(kN/m^3)$	孔隙比 e	含水量 $w(\%)$	直剪固快		渗透系数 $k_v/$ $kN(cm/s)$
					C/kPa	$\varphi(°)$	
①	杂填土	(17.5)			(8)	(15)	
②	粉质黏土	18.0	0.958	30.4	17	13.3	$3.7 \times e-04 \sim -06$
③	淤泥质黏土	17.4	1.263	43.2	15.4	12.2	$3.7 \times e-06 \sim -08$
④-1	粉质黏土	18.6	0.904	30.6	17.5	13.8	
④-2	粉质黏土	18.7	0.874	29.7	22.4	14.1	
⑤-1	全风化角砾凝灰岩	18.9	0.854	26.3	24.4	15.3	

基坑围护采用排桩加两道钢筋混凝土水平内支撑。一排大直径的钻孔灌注桩作为挡土结构，双排水泥搅拌桩形成止水帷幕。钻孔灌注桩进入⑤-2强风化角砾凝灰岩1m。两道内支撑顶面标高分别为 -2.200m 和 -7.000m 处。采用坑内明沟集水井降水。

2. 基坑开挖

本基坑支护的特点是开挖深度深、有两道钢筋混凝土内支撑、平面呈现狭长形。土方共分三次开挖。第一次大面积挖土至 -3.000m，由东、西两侧向中间对称分块开挖，从南部中间退出。第二次土方开挖至 -7.800m，由两侧向中间开挖，土方由中间南侧坡道运出。第三次挖土时利用原有坡道，首先开挖东、西主楼土方；再挖除坡道及中间部位土方。开挖到设计标高后，进行垫层和抗拔锚杆桩施工，最后进行地下室结构与换撑施工。

3. 基坑监测

设计对施工过程的所有工况进行全面考虑，采用模拟实际施工程序的计算模型，结合实际施工参数（如基坑无支撑暴露时间、暴露面积等）合理选取计算参数。根据设计计算及软土地区施工经验确定控制标准：①基坑周边建筑物沉降控制值为20mm；②最大土体水平位移50mm，位移速率5mm/d（连续三天）；③竖向立柱的最大竖向位移为20mm；④第一道支撑轴力为6000kN，第二道为6000kN；⑤坑外地下水位最大波动速率500mm/d。测点埋设如图3-24所示。

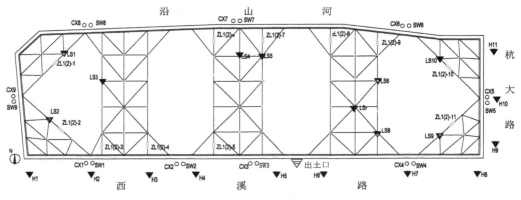

图 3-24　基坑监测平面布置图

4. 监测分析

主要分析比较不同土质部位、不同地下水位、不同开挖深度、不同开挖时间、不同基坑边长部位的基坑位移、支撑轴力、立柱沉降等的情况。

（1）基坑周围环境沉降　基坑周围各沉降点从第三层土方开挖施工时开始下沉，在锚杆桩施工完成后底板混凝土施工时下沉速率减缓，最后达到基本稳定。基坑南侧西溪路的最大沉降量（H7 点）为 20.90mm，东侧杭大路为 6.1mm，北侧二层煤气站为 17.30mm。除西溪路边 H2 点沉降量正好达到报警值 20mm 外，其余各测点的沉降量均小于报警值。

（2）支撑立柱沉降　本工程支撑梁立柱经历了上抬、下沉、再上抬的过程，各测点沉降量时程曲线如图3-25所示。

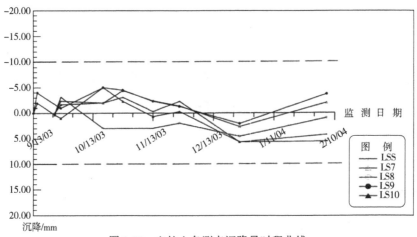

图 3-25　立柱上各测点沉降量时程曲线

1）在基坑土方开挖过程中，随着卸载，土体反弹，各立柱基本上呈上抬趋势。

2）土方开挖到设计标高施工垫层后，土体反弹完成，垫层施工后土体开始固结，并且随着支撑与结构荷载的增加，各立柱均开始下沉。

3）在第二内支撑拆除并且施工地下一层楼面时，各立柱又有所上抬或保持，主要是由于此时地下水位普遍升高，外墙板与底板受到上浮。各立柱最大上抬量和下沉量分别为 −11.40mm 和 5.70mm，小于报警值。

（3）基坑四周深层土体水平位移

1）在基坑开挖过程中各测斜孔最大水平位移值的位置不断下降，表明基坑开挖的影响范围不断扩大；在第二、三挖土阶段，各测斜孔水平位移的速率最大，并且很快回落、趋稳。除 CX6 和 CX9 最大值分别为 6.13mm/d、6.23mm/d 外，其余均小于 5mm/d。第二道支撑拆除过程中，各监测孔的最大水平位移变化不大；第一道支撑拆除过程中，多数测斜孔上部孔口段的位移较明显，最大的 CX8 孔上部土体位移增量为 14mm。H7 点沉降最大，其相应点 CX4 的水平位移也最大（为 49.48mm）。同样水平位移较小的部位，其沉降也较小，这说明了沉降与深层土体水平位移的关系。

2）在软土地区土体水平位移影响深度一般为基坑深度的 2 倍左右，本工程由于基坑开挖面以下基岩埋藏不深，水平位移影响的深度为 12～16m，为基坑开挖深度的 1.5 倍左右。在软黏土、粉土中，土质愈差，其位移相对愈大，最大位移深度越深，曲型软土其最大位移一般在基底附近。由于有粉质黏土、淤泥质黏土及浅基岩，本基坑最大水平位移深度均在 5～8.5m，位于基坑中下部。

3）位于对撑中部与角撑角部的监测点，其水平位移-深度曲线图的走势相对平缓，如图 3-26 所示。位于对撑与对撑交接处以及远离角撑角部的监测点，其水平位移-深度曲线图的走势相对陡峭，"D"字形的上下较陡，如图 3-27 所示。支撑刚度与挡土墙相比较大，则位移—深度曲线图走势平缓，否则较陡。

4）基坑加深部位的位移。中间主楼基坑开挖深度原设计只有 9m，后变更加深到 12m，但围护桩已经施工完毕。开挖时坑边留设三角土，挖到设计标高后，加快垫层施工，优先施工底板。一方面，由于中间主楼深基坑位于支撑的对撑位置，采用直径 800mm 的挡土钻孔灌注桩，因此两道内支撑体系与挡土墙整体性能能够保证；另一方面，挡土钻孔灌

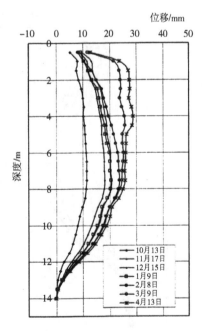

图 3-26　CX3 位移-深度曲线

注桩进入⑤－2强风化角砾凝灰岩有1m，坑底以下的稳定性很好，因此在这种情况下挡土墙的整体稳定性均较好。施工监测的结果是CX7监测点最大水平位移值为26.19mm，位移情况较好。该部位基坑加深后，支撑梁位置相对放高，下部土体位移相对较大（12m处有10mm），如图3-28所示。

5）监测点CX9的最大水平位移值为33.17mm，但表层土体位移值也达到了25mm，如图3-29所示。导致上部位移较大的原因有两个：①该点位于基坑东侧，土方最早开挖，基坑暴露时间最长，在换撑时上部土体水平位移增加了约12mm。一般，在换撑前表层土体水平位移值与最大水平位移值的比值较

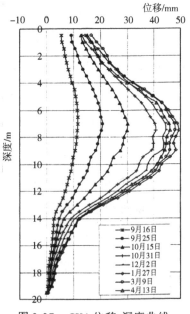

图3-27 CX4 位移-深度曲线

大者，换撑过程中的增长幅度也较大，并且换撑前该比值越大，换撑后上部土体增长幅度越大；②该点附近的地下水位（SW9点）一度达到－1.00m，之后一直稳定在－2.20m，其水位远远高于其他部位水位，如图3-30所示。

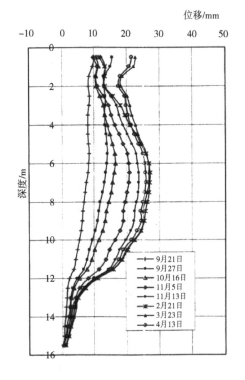

图3-28 CX7 位移-深度曲线图

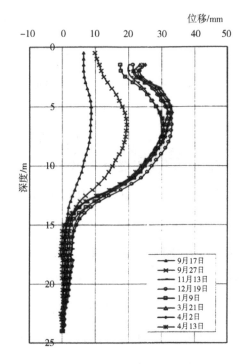

图3-29 CX9 位移-深度曲线图

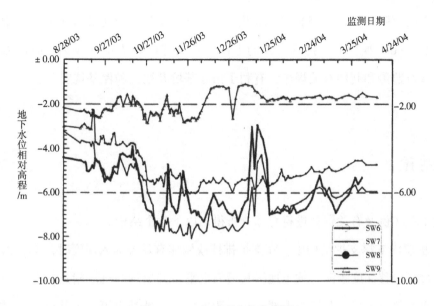

图 3-30　SW9 地下水位曲线图

（4）基坑内支撑轴力　第一道支撑轴力最大值为 3758kN，第二道为 3053kN，各测点轴力均小于报警值 6000kN。开挖第二道支撑以下土方时，第二道支撑轴力迅速增加，最大达 3053kN，而第一道支撑轴力增量明显减缓，最大增量仅为 440kN。基础垫层浇筑完成后，随着地下室底板施工的逐步深入，两道支撑的轴力逐渐减小；第二道支撑的拆除使第一道支撑各测点的轴力再次增加，到拆除前达到最大。气温变化对支撑梁的轴力影响也比较明显。

（5）坑外地下水位分析　坑外地下水位在相对高程 −1.080m 至 8.060m 之间变化。多数水位随着坑内土方下挖而降低，开挖到坑底时降到最低，之后有不同程度的回升。各孔水位主要受地表潜水位变化、天气降雨、沿山河水位变化等因素影响。

5. 结语

通过基坑监测，揭示基坑开挖的有关规律：（1）基坑土体卸载速度越快，支撑立柱的回弹值越大。在基坑底板积水时，其受到浮力而有较大回弹。土方开挖时要做到对称平衡、均衡卸载，加强基坑排水。（2）换撑时要注意监测土体位移的增量，换撑时上部土体原位移值较大、水位较高的土体的位移增量较大，特别是在拆除第一道支撑时对上部表层土体的影响更明显。（3）基坑开挖时要加强监测对撑与对撑交接处以及远离角撑角部的监测点，其位移值较大，水平位移-深度曲线走势陡峭，位于基坑中下部的最大位移值变化较大。（4）基坑开挖到下部软土时应加强监测，同时加强施工控制，因为从此时开始周围土体有较大的沉降与位移。（5）开挖每道支撑以下土方时，该道支撑轴力迅速增加，此时应加强监测。（6）换撑时，拆除支撑的上面一道支撑的轴力增加较大，应加强监测。总之，通过基坑监测和利用有关规律，有利于指导基坑开挖，确保基坑安全。

3.7 结论

通过工程实例及有关资料进行总体分析得出以下几个结论。

（1）桩墙内支撑支护结构中，在支护排柱或墙体有足够插入深度时，土质越差土体位移越大，最大位移深度越深。软土地区其最大水平位移出现在坑底附近；在中等结实黏土中其最大水平位移出现在基坑中下部；在一般砂性土、硬黏土等地区其位移相对较小，最大位移一般靠近基坑中上部。杭州环球时代广场、浙江省国际金融大厦、娃哈哈美食城大厦、黄岩区行政大楼的土质一个比一个差，最大位移相对深度一个比一个深。

（2）在软土地区典型的深度-位移曲线图中，重力式挡土墙（或土钉墙支护）坑外上部土体位移呈发散状分布且位移值较大；桩墙内支撑支护中上部土体位移一般较小且比较集中。杭州环球时代广场的深度-位移曲线图反映了大放坡、重力式挡土墙（或土钉墙支护）与排桩内支撑组的特点，上部位移呈明显的"发散"状，而下部位移"收"得较快，最大水平位移深度位于基坑中上部。黄岩区行政大楼的电梯井由于采用钢梁等加固措施，因此其深度-位移曲线图也反映了组合后的特点，与杭州环球时代广场极其相似，两个工程差一个换撑过程的位移变化。

（3）一般认为基坑位移最大值与基坑开挖深度的比值为0.3%比较合理。软土地区桩墙内支撑基坑的位移最大值与基坑开挖深度的比值在0.3%~0.8%比较经济与科学，基坑周边有特殊要求的除外。基坑位移控制要求严格的工程不宜采用土钉墙或重力式挡土墙等支护形式。基坑周边有管线时，应加强角部位移的控制，以减小坑边管线的差异变形值（变形坡度差），防止管线破坏。通常管线破坏不是由绝对变形引起，而是由相对变形引起的。

（4）支撑各轴力最大值有的为设计值的1/2，有的略大于设计警戒值。由于影响轴力的因素很多（有侧向荷载、竖向荷载偏心、混凝土收缩、温度变化、立柱沉降与降起、土方开挖顺序等），实测与结果往往相差1~2倍，因此在设计计算中建议安全系数取2。

（5）开挖深度在 5m 以内、周边环境较好（无密布的管线等）、变形控制无特殊要求的基坑，可采用复合土钉墙的支护形式。根据软土地区土质情况可组合采用刚性小桩，可满足一般工程的需要。

（6）开挖深度在 8m、9m 以内、若土质较好的基坑，可采用土钉墙组合排桩内支撑的支护形式。

（7）基坑开挖深度在 8～11m、土质相对较差、变形控制要求较高的工程可采用排桩结合两道钢筋混凝土内支撑的支护形式。

（8）基坑开挖深度在 11m 以上，土质复杂（如软土与砂性土互存）、变形控制要求较高的工程可采用地下连续墙结合内支撑的支护形式，在深大基坑中该支护形式的经济性得到体现。浙江省国际金融大厦与杭州娃哈哈美食城大厦均处在软土与粉砂土互存且地下水相当丰富的地区，采用地下连续墙的挡土止水效果相当理想，而采用大直径钻孔灌注桩结合高压旋喷桩挡土止水的止水效果较差。

（9）对于软土地区的超大超深基坑应将超大基坑小型化，并综合考虑采用地下连续墙、圆环形支撑、逆作法等技术，土方开挖时采用岛式或盆式开挖进行分层分块施工，能有效减小基坑变形。

第4章

超高层建筑超厚大体积
混凝土底板施工技术

超高层建筑不仅具有高耸的上部结构，而且还有很深的地下室结构。超高层建筑地下结构的基础混凝土底板具有厚度超厚、体积巨大等特点，在钢筋承重支架施工、超深混凝土输送、大体积混凝土浇捣等方面具有较大的技术难度。

4.1 超高层建筑超厚大体积混凝土底板特点

4.1.1 钢筋密集、自重大

筏形基础钢筋直径大、层数多、自重荷载大，选择一个科学合理的钢筋支撑方法是确保钢筋顺利施工的关键。

4.1.2 超深混凝土输送

超厚基础底板位于超深基坑内，混凝土浇筑深度很深、浇筑量很大，混凝土输送的技术要求高。超深混凝土输送技术主要有泵送施工技术和溜管溜槽施工技术，采用泵送施工时由于泵管内混凝土的落差较大，容易在竖管内产生空腔造成堵管；采用溜管或溜槽施工技术时要防止混凝土的离析等问题。

4.1.3 超厚底板施工

底板基础厚度超厚，混凝土配合比设计、混凝土浇筑与养护的难度都很大，如何降低混凝土水泥水化热化、控制混凝土内外温差、预防出现施工冷缝等都是技术控制的难点。

4.2 钢筋承重支架施工技术

4.2.1 钢筋承重支架分类与特点

随着超高层建筑高度的不断攀升，底板基础的厚度不断得到加强，相应的配筋量不断增加。筏形基础上部钢筋的支撑方法主要有钢筋马凳支架、钢管马凳支架、型钢马凳支架等三种形式。钢筋马凳支架安装便捷，施工速度较快，但是承载力低，稳定性差，一般在筏形基础中采用Φ25以上钢筋制作钢筋马凳。型钢马凳支架强度高、稳定性好，但是安装笨重、焊接工作量较大，施工速度较慢，型钢马凳支架一般采用8号槽钢或10号槽钢作为支撑体系的立杆和横杆。钢管马凳支架承载力、稳定性在三种支撑方法居中，安装便捷，施工速度较快，一般采用φ48×3.0钢管制作，但是由于钢管内部存在空腔，竖向钢管可以采用灌浆料填实，但是水平钢管较难处理，防水效果存在隐患，有些建设单位对此存有疑义。钢筋马凳支架、钢管马凳支架、型钢马凳支架等三种形式的优缺点见表4-1。由于传统的钢筋马凳支架承载力较低，在超厚筏板钢筋施工中一般不考虑钢筋马凳支架方式，因此，超厚筏形基础上部钢筋的支撑方法主要采用型钢马凳支架或钢管马凳支架。钢筋支撑架的布置要避开钢结构型钢柱的高强螺栓预埋件与施工用的专用套架，同时支架的立杆和横杆要避开核心筒墙体的插筋。测温监测点可依附于型钢支架立杆设置，便于监测点的保护。

表4-1　钢筋支撑架优缺点

序号	支撑架体系	优点	缺点
1	钢管马凳支架	工艺简单，施工速度快，施工成本低	钢管内部空心，防水效果差，承载能力稍弱
2	型钢马凳支架	承载能力好，安全性高，止水效果好	焊接工作大，工艺要求高，施工速度慢，成本高
3	钢管立杆结合槽钢横梁顶托	承载能力较好，安全性较高，施工速度较快	止水效果一般，成本较高

4.2.2　钢筋承重支架工程应用

1. 山西太原和合国际中心

山西太原和合国际中心南北楼筏板厚度为3m，配筋为上下两大层，上下两大层配筋均为3排HRB400级钢筋Φ32@150双层双向，中间夹一层Φ14@150构造配筋层。南北楼采用了不同的钢筋支撑方式，北楼采用型钢马凳支架，南塔楼采用钢管马凳支架，通过综合比较以后，钢管马凳支架施工快捷、经济效益好、安全有保障。

2. 天津高银117大厦

天津高银117大厦底板顶面平面尺寸大约为104m×101m，厚度大约6.5m，底板钢筋的上部筋设置了 6 排 HRB400 级钢筋，包括 2 排 Φ50@200 和 4 排 Φ32@200，采用 C50P8 混凝土。上部钢筋的承重支撑采用钢管立杆支撑结合支撑槽钢横梁的形式，立杆间距 1.6m，顶托采用 [8 结合 φ33.5 的钢管，每 6 跨设置一个加强灯笼架，灯笼架尺寸为 3.2m×3.2m。

3. 绿地中心蜀峰 468 项目

绿地中心蜀峰 468 项目 T1 塔楼平面尺寸为 119m×109m，基础筏板厚度 4.6m，局部厚度达到 7.65m，底板上部筋设置了 2 排双向 Φ40@200，下部筋为 4 层双向的 Φ40@150/300，均为 HRB400 级钢筋，混凝土采用 C50P12。上部钢筋的承重支撑采用了型钢马凳支架，立杆采用 [12，纵横间距 3m，顶部横杆一个方向采用 [12，一个方向采用 [6，[12 直接承受上部钢筋的荷载与施工荷载，型钢马凳支架中间再设置一道 [6 水平杆，支撑架剪刀撑采用 Φ16 钢筋，堆场部位采用角钢剪刀撑进行加强。

4. 国瑞西安中心

国瑞西安中心塔楼基础筏板厚度为 4m，局部厚度达到 10.4m，底板上部筋最多处设置了 5 排，钢筋包括 Φ40、Φ36、Φ32 和 Φ28，上部钢筋的承重支撑采用了型钢马凳支架。4m 厚筏板钢筋的承重支撑架的立杆采用 [10，纵向间距为 1.3m，横向间距为 2m，顶部横杆采用 [8 槽钢，2m 高度处设置一道水平杆，水平杆采用 L5 角钢。10.4m 厚筏板钢筋的承重支撑架的立杆采用 [12.6 槽钢，纵向间距为 1.1m，横向间距为 2m，顶部横杆采用 [8，每隔 2m 一道水平杆，水平杆采用 [5 槽钢。

5. 厦门国际中心工程

厦门国际中心工程在原有的基础底板上面增加新的混凝土底板，增加的混凝土底板厚度为 5.21m，底板上部筋设置了 3 排双向 Φ40@250 钢筋，下部 2 排双向 Φ40@250 钢筋，中间为 1 排 Φ25@250 钢筋。钢筋的承重支撑采用了型钢马凳支架，立杆采用 H150×150×7×7，顶层横杆也采用 H150×150×7×7，其他横杆采用 L75×6，上下垫板采用 12mm 厚的钢板。

6. 上海世茂深坑酒店

上海世茂深坑酒店基础混凝土回填时，上下层钢筋的间距小于 2m 时采用钢筋马凳支架，采用 Φ25 钢筋制作，钢筋间距 1.2m；上下层钢筋的间距大于 2m 时采用型钢马凳支架。

7. 中铁·西安中心

中铁·西安中心工程塔楼大体积基础底板厚度为 3m，电梯井及集水坑局部板厚为 6～

7.5m，主楼筏板上下各有2层钢筋，钢筋直径为32mm，中部2层构造钢筋，上、中部钢筋直径大、重量重，钢筋支撑架采用型钢支架，采用 [8 槽钢作为骨架，型钢支架形式如图4-1所示。

图4-1　型钢支架

8. 天津周大福金融中心

天津周大福金融中心地下4层，地上塔楼100层，建筑高度为530m。塔楼基础底板厚度为5.5m，局部厚度为9.9m，基础底板面积为5 569m²。底板采用了直径40mm、36mm、28mm的HRB500级钢筋和直径40mm、32.5mm的HRB400级钢筋，上部配置6排钢筋，底部配置12排钢筋，钢筋间距150mm，基础底板总配筋量达到5 000t。由于基础底板厚度大、钢筋用量大，在基础底板顶面以下5.5m处设置一条水平施工缝，第一次浇筑的混凝土最大厚度是4.4m，第二次浇筑的混凝土厚度是5.5m。相应的钢筋支架也分两次设置，两次均采用型钢支架。第一次的型钢支架的立柱采用 [5，纵横间距2m，支架水平方向设置L50×3角钢，角钢与立柱通过焊接进行固定。第二次的型钢支架的立柱采用 [10，纵横间距2m，立桩顶部焊接 [10 作为横梁以支撑基础上部钢筋自重和施工荷载，第二次的型钢支架如图4-2所示。型钢支撑架均设置了水平联系杆和剪刀形斜拉杆等构造措施。中国尊底板厚度达到6.5m，底板钢筋支架也采用型钢钢筋支架。

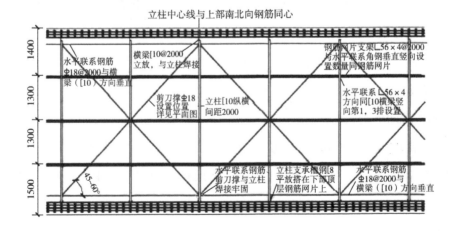

图4-2　型钢支架体系构造图

4.2.3 钢筋支承架应用情况分析

太原和合国际中心等 8 个工程的钢筋支承架应用情况汇总于表 4-2。

表 4-2 实际工程钢筋支撑架应用情况

工程名称	底板厚度/m	底板配筋	钢筋支撑架
太原和合国际中心	3	上部配筋为 3 排 Φ32@150 双向,中间 Φ14@150 配筋	南楼:钢管马凳支架
			北楼:型钢马凳支架
天津高银 117 大厦	6.5	上部配筋为 2 排 Φ50@200 和 4 排 Φ32@200	钢管立杆结合槽钢横梁顶托
绿地中心蜀峰 468 项目	4.6	上部配筋为 2 排双向 Φ40@200	型钢马凳支架
国瑞西安中心	4/10	上部筋最多处设置了 5 排钢筋,包括 Φ40、36、Φ32 和 Φ28	型钢马凳支架
厦门国际中心	5.21	上部设置 3 排双向 Φ40@250 钢筋,中间 1 排 Φ25@250 钢筋	型钢马凳支架
上海世茂深坑酒店	—	—	厚度 2m 以内:钢筋马凳支架
			厚度 2m 以上:型钢马凳支架
中铁西安中心	3	上部两层钢筋,直径为 32mm	型钢马凳支架
天津周大福金融中心	5.5,局部 9.9	上部配筋 10 排、底部配筋 12 排,直径为 40mm、36mm、28mm 等	分两次施工,均采用型钢马凳支架

根据表 4-1 中钢管马凳支架、型钢马凳支架、钢管立杆结合槽钢横梁顶托等优缺点以及 4-2 表实际工程钢筋支撑架应用情况,一般超高层建筑基础底板厚度在 3m 以上时优先采用型钢马凳支架;基础底板厚度在 2~3m 时可以采用钢管马凳支架,但是必须做好防水措施;基础底板厚度在 2m 以内可以采用钢筋马凳支架;钢管立杆结合槽钢横梁顶托的方法可以在基础底板厚度超过 3m 的工程中应用,详细情况见表 4-3。具体采用时应根据钢筋直径、排数、间距等进行计算确定,并设置构造杆件,确保支架的稳定性。

表 4-3 钢筋支撑架选用

序号	支撑架体系	工程选用	说 明
1	型钢马凳支架	底板厚度 3m 以上	底板厚度 3m 以上,现场焊工的数量质量能保证的前提下优先采用
2	钢管马凳支架	底板厚度 2~3m	底板厚度 2~3m,能处理防水问题的前提下优先采用

（续）

序号	支撑架体系	工程选用	说　明
3	钢筋马凳支架	底板厚度 2m 以内	底板厚度 1.5m 以内优先采用
4	钢管立杆结合槽钢横梁顶托	底板厚度 3m 以上	—

4.3　超深混凝土施工技术

地下室超深混凝土输送技术主要有泵送施工技术和溜管溜槽施工技术，也有采用皮带输送技术进行混凝土辅助施工的工程，实际施工时应结合具体工程的混凝土浇筑方量、场地条件、周边市政交通条件、混凝土供应能力、设备参数、气温条件等进行综合判断选择合适的混凝土输送技术。

4.3.1　泵送施工技术

1. 技术特点

在超深混凝土泵送施工时，由于泵管内混凝土的落差较大，容易在竖管内产生空腔造成堵管，因此在超深地下室混凝土施工中，当向下泵送的混凝土高差在 20m 左右时，应在竖向泵管的下端设置弯管或水平管加弯管；如高差大于 20m 时，竖向泵管应每隔 15~20m 设置一定长度的 S 形弯管，并在泵管下端设置弯管或水平管加弯管，满足弯管和水平管的折算长度不小于竖向泵管高差的 1.5 倍，弯管和水平管对竖管内的混凝土起到阻滞缓冲作用。

2. 天津高银 117 大厦

天津高银 117 大厦地下 3 层，地上 117 层，基坑深度达到 26m，筏板平面尺寸为103m×101m，整体厚度达到 6.5m，筏板混凝土浇筑量达到 65 000m³。筏板混凝土输送以泵送为主、溜槽配合的施工方案，采用 23 台固定泵、4 台汽车泵、2 个溜槽进行混凝土输送，泵管竖向布置时在第 2 道基坑内支撑位置设置了一定长度的水平管，防止混凝土发生堵管现象，6.5 万 m³C50P80 混凝土在 82h 内顺利浇筑完毕。

3. 上海世茂深坑酒店

上海世茂深坑酒店基坑最深达到 77m，混凝土向下输送的难度非常大，混凝土的输送水平对混凝土的工程质量起到非常重要的作用。根据施工场地、基坑深度和基坑边坡等条件，混凝土输送采用了"三级接力输送技术"和"一溜到底施工技术"。在基坑北侧采用了"三级接力输送技术"，该技术是汽车泵+溜管+固定泵相组合的输送技术，在基坑北侧地面上设置汽车泵，地面以下 38m 处开始往下设置溜管，溜管高度为 16m，然后在地面以下 54m 的坑壁平台上设置固定泵。混凝土从地面汽车泵输送到溜管，然后通过溜管到达固定泵，最后通过固定泵将混凝土输送到各个混凝土浇筑作业点。固定泵往下输送的混凝土最大高差达到 23m，在竖管中间设置了 2 道 S 形弯管，每道 S 形弯管由 2 个 90°弯头和一根水平管组成，混凝土泵送施工顺利。

4. 武汉中华城

武汉中华城商业社区一期工程地下 3 层，地上裙房 4 层，主楼 51 层，建筑高度 219.55m，总建筑面积 107107m²，其中地下室 17161m²，采用现浇钢筋混凝土 – 核心筒 – 伸臂桁架结构体系。基础大底板厚度为 4m，局部为 8m，因为基坑最深深度 17.25m，所以竖向泵管中间不设置 S 形弯管，仅在泵管下端设置一段弯管，采用 3 台泵车从南向北推进进行混凝土浇筑，施工顺利。

5. 适用范围

采用泵车浇筑混凝土的施工方法灵活性好，组织实施方便，混凝土供应较平缓，不需要搭设支撑胎架，但需占用较大的施工场地，混凝土浇筑速度较慢，施工噪声大、消耗能源多、环保性较差，长时间的混凝土浇筑也增加了工作强度。采用汽车泵浇筑时布料非常灵活，但是布料半径有较大限制，不适合用于大面积底板混凝土的浇筑施工；采用固定泵施工时泵管的竖向布置要求高，且对混凝土和易性等性能要求较高，在超深底板混凝土施工时容易发生堵管现象，但是能够浇筑的作业面很广，因此，一般在大面积混凝土底板施工中经常采用汽车泵结合地泵的施工方案。采用泵车浇筑混凝土时应每隔一定竖向深度设置阻滞缓冲管，抵消竖向泵管内混凝土重力作用造成的空腔现象。

4.3.2　溜管溜槽施工技术

1. 技术特点

混凝土浇筑体量大并且施工场地较小的底板混凝土施工适合采用溜管或溜槽施工技术，要求紧挨基坑的位置具有布置溜管或溜槽的场地，混凝土罐车能够畅通到位，并且由于溜管或溜槽布置较多、混凝土施工速度快，溜管的施工速度是泵车速度的2倍以上，业界有"1条溜管抵2台泵车"的说法，采用溜管溜槽施工技术要求现场具有足够大的混凝土罐车等候待命区。采用溜管或溜槽输送混凝土时无噪声、无能源消耗等特点，环保性好，但是施工组织要求高，前期准备要求充分，需要搭设大量溜管溜槽的支撑胎架。

济南平安金融中心位于济南CBD中央商务区核心区域，建筑面积约23万 m²，主塔楼高度达到360m。主楼基础筏板最大厚度达到7.7m，基础筏板面积为4040m²，基坑深度22m，混凝土浇筑量达到10200m³。周边环境复杂，西、南、北三侧场地紧张，没法布置混凝土泵车等设备，根据工程的具体特

图4-3 济南平安金融中心塔楼基础混凝土溜管施工

点，将塔楼东侧观景平台作为浇筑场地，混凝土输送采用了全新的溜管系统，并将缩式混凝土皮带输送车作为辅助运输工具。根据新华网及相关资料，项目部仅用了14h就完成了10200m³混凝土的浇筑施工，如图4-3所示为正在采用溜管技术施工的主塔楼筏形基础，采用溜管技术大大加快了混凝土的施工速度。

2. 下料坡度

对深基坑超深大体积混凝土施工，采用溜管或溜槽施工时要进行充分的技术准备与现场试验。需要通过试验确定一个非常重要的技术参数——下料坡度，即溜管或溜槽的坡度。下料坡度既要保证混凝土能够较快稳定地下料，又要保证混凝土不离析。保证混凝土在下料过程中不离析的两个重要因素是混凝土自身的性能和溜管溜槽的下料坡度。沈阳宝能环球金融中心 T1 塔楼底板混凝土采用溜管施工技术，溜管坡度为20°。南宁华润中心东写字楼项目采用了双溜管施工技术浇筑底板混凝土，溜管坡度为14°。大连星海湾金融商务区 XH-2-B 地块超高层办公楼底板混凝土施工时采用溜槽技术，溜槽布置坡度为20°～25°。上海前滩中心超高层项目超厚底板大体积混凝土采用溜槽技术进行施工，溜槽坡度按27°进行设计。

成都绿地中心蜀峰468项目 T1 塔楼地下5层，地上101层，建筑高度468m，塔楼基础底板面积9410m²，东西长度为119m，南北长宽度为109m，基础埋深32m，基础底板厚

度 4.6m，电梯井等局部厚度达到 7.65m，混凝土强度等级为 C50。底板混凝土浇筑在超厚底板混凝土施工时采用溜槽技术结合泵车进行浇筑，在 113h 内完成了 3 万 m³ 的浇筑任务，通过溜槽施工得出溜槽坡度以 20°~35° 为宜。

天津周大福金融中心塔楼底板面积 5500m²，厚度为 5.5m，电梯基坑位置的底板厚度达到 9.9m，一次性连续浇筑混凝土 3.1 万 m³，浇筑深度达到 32m。工程紧邻的第一大街为交通繁忙的城市交通主干道，只能利用周六日休息时间完成如此大体量的混凝土浇筑任务，而且要保证基础底板质量，给现场技术、交通组织等提出了挑战。针对基础底板混凝土浇筑，采用"工具式大口径溜管快速浇筑"技术，溜管坡度为 15°，创造了 38h 浇筑 3.1 万 m³ 混凝土的施工纪录。

根据工程实例和参考资料，常规工程的溜管施工的坡度以 12°~22° 为宜，溜槽施工的坡度以 20°~35° 为宜，沈阳宝能环球金融中心等 6 个工程的地下结构混凝土输送技术情况见表 4-4。溜管或溜槽实际施工时应根据基坑深度、管槽布置长度、混凝土工作性能、气候等情况，并结合现场试验综合确定。昆明春之眼商业中心的主塔楼和副塔楼分别采用了溜管和溜槽施工技术，通过实际施工以后认为溜管的搭设角度可以低到 10°，溜槽的搭设角度可以低到 15°。

表 4-4　混凝土输送技术

序号	工程名称	深度/m	输送技术	下料坡度/(°)
1	沈阳宝能环球金融中心	—	溜管	20
2	南宁华润中心东写字楼	—	溜管	14
3	成都绿地中心蜀峰 468	—	溜槽	20~35
4	大连星海湾金融商务区 XH-2-B 地块	—	溜槽	20~25
5	上海前滩中心	—	溜槽	27
6	天津周大福金融中心	32	溜管	15

3. 特殊工程下料坡度

上海世茂深坑酒店和长沙冰雪世界均位于原有的一个矿坑中，基坑深度分别达到 77m 和 100m，工程情况非常特殊，因此溜管均依据深坑边坡地形设置坡度。上海世茂深坑酒店基坑最深达 77m，在基坑南侧采用"一溜到底"混凝土输送技术。主溜管顺着悬壁设置，与水平面夹角为 80°，主溜管直径 219mm。溜管装置除了常规的受料斗、主溜管、支溜管和支撑胎架以外，还在溜管管身与主溜管末端设置了缓冲器。如果不设置缓冲器，混凝土从地面通过溜管到达坑底的理论速度为40m/s，设置缓冲器以后的实际速度为9m/s，混凝土坍落度损失得到有效控制，坍落度控制在210±30mm，混凝土不离析，各项性能指标符合要求。混凝土到达坑底以后再通过固定泵输送到各个浇筑点。

长沙冰雪世界项目位于长沙市的一处矿坑中，最深达到100m，工程混凝土的输送采用了溜管技术。先把混凝土通过溜管输送到坑底，通过二次搅拌以后再将混凝土泵送到各个施工部位。溜管依据矿坑边坡地形设置，溜管直径219mm、长度80m，溜管落差50m，由于溜管高差大和长度长的特点，对溜管采用了缓冲措施与保湿措施；针对混凝土的离析问题，进行了混凝土配合比优化并采用了二次搅拌措施。采用长距离大落差溜管技术解决了混凝土输送难题，效果良好。表4-5为上海世茂深坑酒店和长沙冰雪世界两个特殊工程的混凝土输送技术情况。

表4-5　两个特殊工程的混凝土输送技术情况

序号	工程名称	深度/m	混凝土输送技术	下料坡度/（°）	缓冲措施
1	上海世茂深坑酒店	77	溜管	80	有
2	长沙冰雪世界	100	溜管	—	有

4. 组合施工技术

采用溜管或溜槽施工时一般采用汽车泵或地泵进行配合施工，以扫除溜管或溜槽施工时留下的混凝土浇筑盲区。南宁华润中心东写字楼工程地下3层，地上86层，建筑高度445m，采用"钢框架+核心筒"结构体系，塔楼底板面积4810m²，塔楼底板厚度达到5m，电梯井侧壁处底板厚度达到11.8m，大底板基坑深度18m左右，混凝土强度等级为C40P10，混凝土一次性浇筑量达到2.3万m³。基础底板混凝土施工时采用了双溜管施工技术，溜管长度达到55m，坡度为14°，每套溜管满足2辆混凝土罐车同时进行混凝土下料，溜管平均浇筑速度达到163.5m³/h。溜管混凝土施工覆盖塔楼基础底板98%的范围，其余区域采用汽车泵与地泵进行混凝土输送，现场确定了"2套溜管+1台汽车泵+3台地泵"的总体施工方案，以扫除溜管混凝土浇筑的盲区。

4.3.3　大体积混凝土浇捣施工技术

超厚大体积混凝土底板由于混凝土截面尺寸很大且强度较强，混凝土胶材用量较高，水泥水化热引起的混凝土内部温度的剧烈变化会产生温度应力，由于混凝土厚度很厚产生的温度很大，并且混凝土干燥收缩会产生较大收缩应力，当两种应力产生的拉应力超过混凝土当前龄期的抗拉强度时便会产生结构性危害裂缝。

优化超厚大体积混凝土底板的配合比，在确保混凝土强度、抗渗性和可泵性的前提下，合理选择外加剂和原材料，并利用双掺技术尽可能减少水泥用量，并尽量采用 60d 或 90d 龄期的强度作为超厚大体积混凝土底板的强度值，在降低混凝土内部水化热方面下功夫，以减小温度应力，从而实现裂缝控制。通过混凝土配合比设计，对从混凝土的力学性能、胶材水化温升、干燥收缩、平板抗裂、抗渗等进行性能测试，通过对基准配合比的分析比较，结合各地的施工情况与材料供应情况，确定工程施工的配合比。

其次，要从混凝土原材料质量控制、混凝土浇筑、混凝土养护、内外温差控制、温度监测等方面采取措施预防有害裂缝的发生。根据《大体积混凝土工程施工规范》对超厚大体积混凝土底板温度、温度应力及收缩应力等进行计算，并确定混凝土的最大升温值与里表温差等，并在施工专项方案中确定超厚大体积混凝土的保温控制措施。

混凝土浇筑时可以采用混凝土地泵、汽车泵、溜槽等方式进行浇筑，更可以采用几种方式组合的方式进行浇筑。当底板厚大于 3m 时，采用串筒将混凝土输送到作业面，减小混凝土的自由落差，防止混凝土离析、分层。一般情况下基础底板的平面尺寸较大，因此优先采用"斜向分层、水平推进、一次到顶"的方式进行浇筑，混凝土每层浇筑的厚度控制在 500mm 以内。根据混凝土的性能与底板厚度，在混凝土流淌坡度上布置多个振捣手，确保混凝土分层振捣到位。

4.3.4　超深混凝土输送技术选择

根据地下室超深混凝土泵送施工技术和溜管溜槽施工技术的特点以及实际工程的应用情况，得出各种混凝土输送技术的适用对象。采用溜管、溜槽施工速度快，但是灵活较差，辐射范围小，而采用泵车浇筑虽然浇筑速度慢，但是灵活好，辐射范围大，因此在采用溜管或溜槽进行施工时经常辅助采用泵送施工技术，如中国尊基础底板混凝土施工时采用了 4 条溜槽、2 个串筒、16 个混凝土输送泵，在 93h 内完成了 56000m³ 的混凝土的浇筑任务。由于中国尊基坑深度接近 40m，4 条溜槽的上部设置了 14m 高的串管，混凝土先通过串管再进入溜槽，既节约了大量的溜槽支架，又满足了施工要求。

随着思路的拓展、技术的发展，超深混凝土输送技术得到不断完善，缩式混凝土皮带输送车也得到应用。济南平安金融中心基坑深度 22m，筏板厚度达到 7.7m，一次性浇筑混凝土方量达到 10200m³，混凝土输送时采用溜管法为主、缩式混凝土皮带输送车运输为辅的总体方法，在 14h 内完成了基础筏板的混凝土浇筑任务。

表 4-6 分析了泵送施工技术、溜管溜槽施工技术、溜管溜槽与泵送相结合技术、溜管与混凝土皮带输送车结合技术等 4 种超深混凝土输送技术的适用范围，并列出了相应的代表工程。

表 4-6　超深混凝土输送技术

序号	输送技术	工程选用	代表工程
1	泵送施工技术	基坑深度较浅，混凝土往下泵送深度在 20m 以内；混凝土基础底板厚度相对较小，施工现场较大，便于汽车泵停车布料的工程	武汉中华城
2	溜管、溜槽施工技术	基坑深度深，混凝土基础底板特别厚，施工现场较小（实际施工一般由泵车配合使用）	天津周大福金融中心
3	溜管、溜槽与泵送结合技术	基坑深度深，混凝土基础底板特别厚，混凝土集中浇筑量大，施工现场较大	天津高银 117 大厦
4	溜管、混凝土皮带输送车结合技术	基坑深度深，混凝土基础底板特别厚	济南平安金融中心

4.4　方案比选

4.4.1　工程概况

兰州红楼时代广场工程位于甘肃省兰州市，由主楼、裙房组成，地下室 3 层，裙房 12 层，主楼 55 层，高度 313m，建筑面积 137241.81m²，其中地下室建筑面积 23261.03m²，主要作为酒店和办公场所。主楼采用"钢框架 + 核心筒 + 伸臂桁架 + 环带桁架"结构体系，基础采用筏形基础，结构高度 266m。钢结构总体用钢量大约 2 万 t，抗震设防烈度为 8 度。

主楼筏形基础平面尺寸为 56.70m × 60.31m，筏板面积为 3420m²，筏形基础位于深度达到 26.3m 的深基坑内。主楼筏板厚度分别为 8.9m、4.5m、3.5m，裙房筏形基础厚度为

1.0m，混凝土强度等级为 C45P8，主楼筏板混凝土浇捣量为 15000m³。

筏形基础钢筋均采用 HRB400 级钢筋，具有直径大、层数多、钢筋密集等特点。4.5m 厚筏形基础的配筋主要分为上下两大层，上部大层配筋为 4 排 Φ32@150 双层双向，下部大层配筋也为 4 排 Φ32@150 双层双向，中间夹 Φ16@150 双层双向的构造配筋层。3.5m 厚筏形基础的配筋主要分为上下两大层，上部大层配筋为 3 排 Φ32@150 双层双向，下部大层配筋也为 3 排 Φ32@150 双层双向，中间夹 Φ16@150 双层双向的构造配筋层。

8.9m 厚筏板处于低跨 4.5m 厚筏板和高跨 3.5m 厚筏板的中间部位，因此其配筋非常复杂。配筋主要分为四大层，如图 4-4 所示，上部大层配筋为 3 排 Φ32@150 双层双向，下部大层配筋为 4 排 Φ32@150 双层双向，高跨 3.5m 厚筏板下部 3 排 Φ32@150 双层双向钢筋锚进 8.9m 厚筏板，低跨 4.5m 厚筏板上部 4 排 Φ32@150 双层双向钢筋锚进 8.9m 厚筏板，中间再夹两层 Φ16@150 双层双向的构造配筋层。

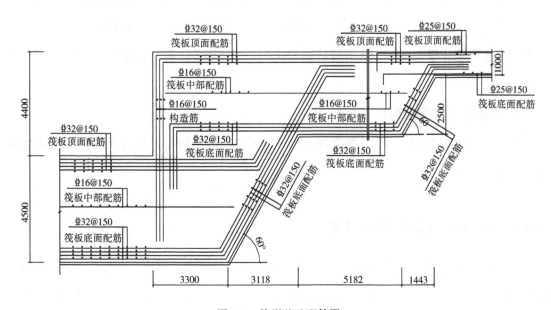

图 4-4　筏形基础配筋图

4.4.2　施工特点

1. 钢筋密集、自重大

筏板受力主筋采用 HRB400 级钢筋，4.5m 厚筏形基础的配筋达到 8 层 Φ32@150 双层双向，3.5m 厚筏形基础的配筋达到 6 层 Φ32@150 双层双向，8.9m 厚筏形基础的配筋达到 14 层 Φ32@150。筏形基础钢筋直径大、层数多、自重荷载大，选择一个科学合理的上部钢筋的支撑方法是确保钢筋绑扎顺利施工的关键。

2. 筏形厚度大、结构复杂

筏形基础厚度大，分别达到 8.9m、4.5m、3.5m；结构变化复杂，顶面标高有 −20.700m、−16.300m，如何进行混凝土浇筑，确定泵管数量与浇筑方向，有效预防混凝土施工冷缝的出现，是施工的另一个关键。

3. 混凝土配合比的优化

混凝土配合比的优化是大体积混凝土施工的根本保证。混凝土配合比设计在确保混凝土强度、抗渗性和可泵性的前提下，合理选择外加剂和原材料，并利用双掺技术尽可能减少水泥用量，在降低混凝土内部水化热的环节上下功夫，以减小温度应力从而实现裂缝控制。

4. 超低位混凝土泵送施工

筏形基础位于超深基坑内，混凝土浇筑深度达到 26.3m，在低位混凝土泵送施工时，由于泵管内混凝土的落差较大，容易在竖管内产生空腔造成堵管，而且混凝土强度高、体量大，凝土强度等级 C45P8，浇捣量达到 15000m³，因此必须采取合理的泵管布置方式与浇筑方案。

5. 冬期施工的质量保证

本次混凝土在 2013 年 12 月初浇捣，已经进入冬期施工阶段，如何保证混凝土的浇捣质量是施工的重点。

4.4.3 钢筋承重支架施工技术

兰州红楼时代广场筏形基础的厚度达到 8.9m，配筋更是达到 4 大层，配置 14 排 Φ32@150 双层双向钢筋，中间还有 2 排构造配筋，支架要承受上部 10 排 Φ32@150 双层双向钢筋层和 2 排 Φ16@150 双层双向钢筋层的荷载，对支架承载力的要求非常高；另一方面，施工现场有大量经验丰富的专业钢结构焊工，能确保型钢支架的焊接质量与焊接进度，综合上面两个方面的因素决定采用型钢马凳支架。型钢马凳支架的纵横杆与立杆均采用 10 号槽钢，4.5m 和 3.5m 筏板的支架立杆间距为 1.5m，8.9m 筏板的支架立杆间距为 1.2m，立柱底部采用 200mm×200mm×5mm 钢板。4.5m 与 3.5m 厚筏板的支架中部设置一道水平角钢 50mm×5mm，与槽钢立杆焊接连接，立柱与立柱间的角撑采用角钢 50mm×5mm 焊接。8.9m 厚筏板钢筋支架的搁置上中部三大层的钢筋水平横杆均采用 10 号槽钢，横杆槽钢与立杆槽钢焊接连接，其他做法与4.5m厚筏板支架相同。型钢支架的布置要避开钢结构型钢柱的高强螺栓预埋件与施工用的专用套架，同时型钢支架的立杆和横杆要避开核心筒墙体的插筋。测温监测点依附于型钢支架立杆设置，便于监测点的保护。型钢支架焊接工作在9天内完成，确保了工程进度。

4.4.4　混凝土浇捣与泵管布置

由于大体积混凝土结构整体性要求较高，要求一次性连续浇筑，该工程采用斜面分层浇筑技术。根据工程体态，为了加快浇灌速度，将主楼底板浇筑分成两个阶段，利用分层、分段、分条、薄层推进。因外围场地局限，场地四周仅能布置4台固定泵，第一阶段集中浇筑核心筒中部区域基础底板，浇筑至 – 20.700m，浇筑厚度为4.5m，方量为6000m³；第二阶段由南往北浇捣其余混凝土，浇筑至 – 16.300m，此次浇筑厚度为4.4m，方量为9000m³，该阶段为有效解决冷缝问题，在东西两侧各布置两路泵管，在每个出料口各布置一台布料机，东西两侧同步进行。

由于筏形基础混凝土的浇筑深度达到26.3m，混凝土浇捣量为15000m³，必须确保泵送的正常进行。在超深地下室混凝土施工中，当向下泵送的混凝土高差在20m左右时，应在竖向泵管的下端设置弯管或水平管加弯管；如高差大于20m时，竖向泵管应每隔15～20m设置一定长度的S形弯管，并在泵管下端设置弯管或水平管加弯管，满足弯管和水平管的折算长度不小于竖向泵管高差的1.5倍。本工程在泵管设置时，先将竖向泵管沿基坑侧壁设置，在基坑16.3m深度处设置一段弯管并敷设水平管，水平管的长度在32m以上（共有4路泵管），从深度16.3m到塔楼坑底26.3m这一段不设置混凝土泵管，采用设置多个固定式漏斗和串筒进行混凝土下料，减少混凝土自由落差，防止混凝土分层离析，提高混凝土的浇筑效率。为了便于人员上下，在筏板基坑东南角与西北角各设置一个上人孔，在上部钢筋上开设1.2m×1.2m的洞口，混凝土浇筑到该部位的相应标高前进行钢筋骨架的焊接封闭。由于筏板厚度最厚达到8.9m，为便于施工操作，在上下层钢筋骨架间搭设人员上下用的爬梯，采用Φ32钢筋焊接制作而成，混凝土浇筑完成后钢筋爬梯留置在筏板内。

筏板浇捣过程遵循"斜面分层、一个坡度、薄层覆盖、循序渐进"的原则，每层厚度为400mm，从短边开始沿长边浇筑。施工时从浇筑层下端开始，逐渐上移，以保证混凝土的质量。利用布料机的软管在底板上皮钢筋的表面上直接布料，再通过 $\phi200$ 串筒到达筏板下部。在保证混凝土不出现冷缝的前提下，尽量增大入模混凝土的布料面积从而增大混凝土的散热面积，加快散热工作。在混凝土初凝以前，及时覆盖混凝土，以免出现冷缝。

4.4.5 大体积混凝土施工措施

1. 材料选择和混凝土级配

为了减少水泥用量，以控制混凝土水化热带来的不利影响，采用双掺技术，充分利用其后期强度，根据地方经验将混凝土强度龄期定为 90 天。

（1）水泥：采用兰州中川祁连山水泥生产的 42.5 级普通硅酸盐水泥，水泥用量为 $300kg/m^3$。

（2）粗骨料：采用粒径为 5～31.5mm 的连续级配黄河卵石的破碎石，用量为 $963kg/m^3$，针片状颗粒含量不大于 5%，含泥量不大于 0.5%，泥块含量不大于 0.1%。

（3）细骨料：采用中砂，细度模数为 2.9，用量为 $727kg/m^3$，含泥量不大于 1.9% 且 0.315mm 以下颗粒占 15% 左右。

（4）粉煤灰：为减少水泥用量，改善混凝土的和易性，减少泌水和干缩，最大限度地降低水化热，掺入二级磨细粉煤灰，用量为 $85kg/m^3$。

（5）矿粉：掺入超细矿渣能较好地提高混凝土的强度，提高混凝土的密实性。采用 S95 级矿粉，含量为 $85kg/m^3$。

（6）外加剂：为满足防水抗渗及混凝土和易性，减缓水泥早期水化热发热量的要求，混凝土中掺入 MNF-8 缓凝高效减水剂，掺量为胶凝材料用量的 2.3%；LH-7 混凝土膨胀剂，掺量为胶凝材料用量的 8%；LH-8 抗硫酸盐侵蚀防腐阻锈剂，掺量为胶凝材料用量的 8%。

（7）混凝土要求级配良好，不泌水，不离析，和易性良好，要求入泵坍落度为 180～200mm。混凝土的初凝时间为 4～6h。

2. 大体积混凝土温度计算

通过 C45P8 的混凝土配合比报告相关数据，计算出 $T_{max} = WQ/C\rho = 67.02℃$

由混凝土浇筑时期气象数据可知，当地施工期间的日平均气温约为 2℃；则混凝土浇筑完成后应该达到的内部最高温度约为：

混凝土强度 C45：2℃ + 67.02℃ = 69.02℃

由以上计算可知，应对本工程基础筏板进行适当的保温降温措施，以保证浇筑混凝土体的各项温控数值在规范允许的温控指标范围内，有效预防混凝土体产生有害应力和裂缝。

3. 大体积混凝土养护

（1）经计算，基础筏板表面保温措施将按表 4-7 实施，保温保湿覆盖材料之间搭接 10cm，确保混凝土无外露部位，达到保湿保温的效果。

表 4-7　基础筏板表面保温材料覆盖情况

筏板厚度/m	表面保温措施（由下而上）	覆盖厚度/cm
4.5, 3.5	双层保温薄膜 + 棉被	3
8.9	双侧保温薄膜 + 棉被	6

（2）为了确保新浇筑的混凝土有适宜的硬化条件，防止早期由于干缩而产生裂缝，混凝土浇筑完毕后，在 7h 内加以覆盖养护，混凝土养护时间不少于 14d。

4.4.6　大体积混凝土测温和内部降温

1. 混凝土测温

为了有效检测筏板混凝土的表面和内部温度，指导筏板混凝土的养护，采用电脑实时测温系统（图 4-5），混凝土中预埋的温度传感器通过模块、导线将温度数据反映到办公室的电脑上，分辨率可达 0.01℃，可满足施工需求。

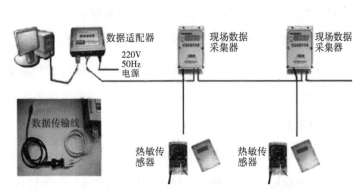

图 4-5　混凝土测温系统图

混凝土内部温度的变化情况反映了混凝土内部温度应力的状况，通过采取有针对性的措施确保内外温差在规定范围内，有效地保证大体积混凝土的施工质量，避免裂缝产生，实现信息化施工。

在筏形基础内设置 10 个测温点，测温点布置在底板混凝土有代表性的部位。由于筏形基础特别厚，因此每个测温点竖向设置五个探头，探头布设位置按筏板厚度均匀分布，其中上中下三个探头的位置要布置在板面以下 100mm、底板中部、板底以上 100mm。每个测温点的竖向测温探头在不同筏板内的竖向布置如图 4-6 所示。

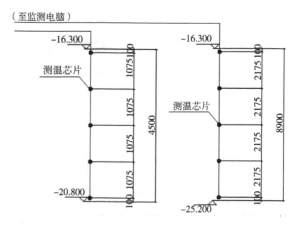

图 4-6　测温探头布设图

2. 混凝土降温

根据测温结果随时调整或变换养护措施，控制混凝土的内部最高温度与表面最低温度之差在 25℃ 以内。本工程大体积混凝土进行保温保湿养护，以达到防止出现有害裂缝产生的目的。考虑到核心筒周边 8.9m 厚筏板区块，在国内也少有浇筑先例，为完全确保 8.9m 厚筏板区的混凝土内外温差达到预期目的，在本 8.9m 厚筏板区采用冷却水降温法，作为 8.9m 厚筏板区的辅助降温方案。

采用混凝土内预埋冷却水管的方式进行大体积混凝土内部降温，水泵采用 YZGC5×7 型高压水泵，扬程 80m，功率 7.5kW，水箱内的冷却水利用基坑深井降水；竖向进出水总管采用 DN40 镀锌管，总管出水口安装可调节出水量的阀门，水平冷却水支管采用 DN32 镀锌管，由上而下共布置四道，水平支管水平间距 2.4m，竖向间距 2.175m。每一道水平冷却水管的竖向位置均在相邻两个测温芯片竖向居中位置，以保证测温数据的准确性，冷却水的流速将根据测温数据通过进水总阀进行及时调节，保证降温效果的持续性和稳定性。

3. 最高温升

根据电脑实时反映情况及现场测温记录得知，混凝土内最高温度发生在混凝土中心处，最高温度为 68.76℃ 左右，根据测温记录绘制出混凝土内部温度变化曲线图（图 4-7）。

4. 混凝土施工效果

超厚筏板大体积混凝土浇筑历时 5 天，根据测温结果显示 8.9m 厚筏板内 3 号中部监测点在 2013 年 12 月 10 日 12：19 达到核心温峰 68.76℃，与计算核心温峰 69.02℃ 基本吻合，该温度出现在混凝土浇筑完成后的第 5 天，随后混凝土核心最高温度逐渐下降，同时

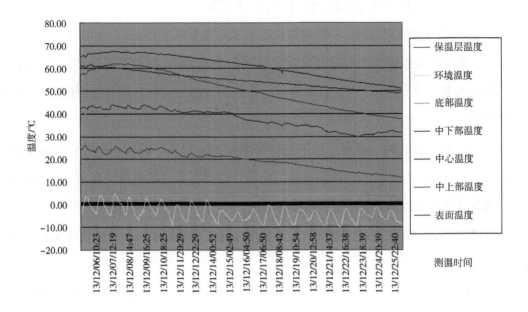

图 4-7　最高温度变化曲线

混凝土表面温度也同步下降，但是整个监测过程中各内部最高温度与表面最低温度之差均控制在 25℃ 以内，达到预定目标要求。基础筏板浇筑完成一个月后，根据建设单位组织施工单位、监理单位、设计单位、质监单位对主楼基础筏板检查结果显示：筏形基础未发现肉眼可见裂缝。

4.4.7　应用情况

兰州红楼时代广场主楼筏形基础厚度达到 8.9m，基础位于深度达到 26.3m 的深基坑内，混凝土浇捣量为 15000m³，钢筋配置密集、层数多、自重大，通过采取了一系列的科学措施，确保了型钢马凳支架的安全和混凝土的顺利泵送，有效控制了混凝土的温差，避免了裂缝出现，确保了筏形基础的工程质量，相关的技术措施值得类似工程借鉴。

4.5　结　论

超高层建筑主楼基础底板与普通工程有很大的区别，底板基础混凝土具有厚度超厚、混凝土浇筑量巨大且浇筑深度大等特点；底板基础钢筋具有直径大、层数多、自重荷载大等特点，通过众多工程实例与技术分析得出了以下结论。

（1）在钢筋支架的应用中，一般超高层建筑基础底板厚度在3m以上时优先采用型钢马凳支架；基础底板厚度在2～3m时可以采用钢管马凳支架；基础底板厚度在2m以内可以采用钢筋马凳支架；钢管立杆结合槽钢横梁顶托的方法可以在基础底板厚度超过3m的工程中应用。

（2）当基坑深度较浅、混凝土往下泵送深度在20m以内、混凝土基础底板厚度相对较小且施工现场较大时，可以选择泵送施工技术。当向下泵送的混凝土高差大于20m时，应设置弯管或水平管以阻滞缓冲竖管内的混凝土。

（3）当基坑深度深、混凝土基础底板特别厚、施工现场较小时，可以选择溜管、溜槽施工技术。

（4）当基坑深度深、混凝土基础底板特别厚、混凝土集中浇筑量大、施工现场较大时，可以选择溜管、溜槽与泵送相结合的施工技术。

（5）溜管、溜槽施工速度快，但是灵活较差，辐射范围小，而采用泵车浇筑虽然浇筑速度慢，但是灵活好，辐射范围大，因此在采用溜管或溜槽进行施工时经常辅助采用泵送施工技术。

（6）超厚大体积混凝土施工前要优化混凝土配合比，从混凝土原材料质量控制、混凝土浇筑、混凝土养护、内外温差控制、温度监测等方面采取措施预防有害裂缝的发生。

第5章

超高层建筑超高混凝土
输送技术

　　超高层建筑具有高耸的上部结构，混凝土强度等级高，结构复杂，钢筋密集，300m 以上的超高层建筑大部分采用钢-混凝土混合结构体系，结构更加复杂，在超高层建筑上部结构施工时混凝土输送是一个技术难题。超高混凝土泵送施工的主要技术涉及高性能混凝土配制、泵车设备选择、泵管布置与混凝土输送方式等多个方面。在超高混凝土施工中首先要满足混凝土强度和工作性能，其次是选择合理的混凝土泵车，然后是确定合理的泵管布置方法与混凝土输送方式，其中泵管布置与混凝土输送方式是超高混凝土施工的一个重要组成部分。

5.1　超高混凝土泵管布置技术

5.1.1　泵管布置特点

　　超高层塔楼结构施工时竖向泵管内的混凝土在自重作用下向下产生很大的挤压力，使首层弯头承受着很大的压力，对水平泵管造成泵送阻滞，在混凝土泵送施工时竖向泵管容易产生空腔从而造成堵管现象，因此需要加强对首层弯头和泵管的加固处理，如图 5-1 所示为泵管加固剖面图，并满足水平泵管换算长度达到混凝土泵送高度的 1/5 ~ 1/4，通过水平泵管内混凝土的摩阻力来抵消或部分抵消竖向泵管内混凝土的自重作用。根据工程特点，首先在室外场地和一层结构平面

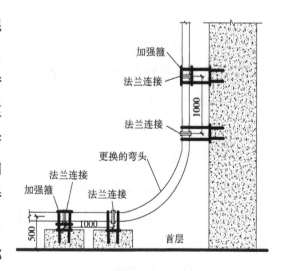

图 5-1　泵管加固剖面图

设置一定长度的水平泵管和弯管（图 5-2），并在泵车出口处设置混凝土止回阀（图 5-3），然后在一定高度再设置水平泵管和弯管缓冲层，起到阻滞缓冲作用。根据施工经验，竖向泵管缓冲层可每隔 150m 左右设置一个，以减少堵管的可能性。布管时严禁将 3 个以上的非标准件同时布置在一起，避免形成较大压力梯度从而造成混凝土堵管爆管现象。

图 5-2　一层水平泵管布置　　　　　　　图 5-3　混凝土止回阀

5.1.2　工程布管实例与对比

1.　香港国际金融中心

香港国际金融中心混凝土泵送的最大高度为 406m，管道布置时在泵车出口处布置了一段 100m 长的水平管，4 个 90°弯管、1 个 45°弯管、2 个 15°弯管；在高度 140m 的 32 层布置了一段 30m 长的水平泵管和 3 个 90°弯管；在高度 200m 的 45 层布置了 2 个 90°弯管；在高 240m 的 55 层布置了 2 个 90°弯管；然后一直往上，包括布料机塔身外露 10m、臂长 32m、弯管折算 44m 在内整套管道长度为 622m。

2.　天津高银 117 大厦

天津高银 117 大厦结构总高度 596.6m，根据超高层建筑混凝土泵管布置的阻滞原则，满足水平泵管换算长度是混凝土泵送高度的 1/5 ~ 1/4，室外地面和一层结构布置的水平泵管的换算长度为 150m，根据工程的高度和巨型柱多次内收并整体向内倾斜 0.88°的特点，泵管布置时每隔 100m 设置一道水平缓冲层。

3.　武汉中心

武汉中心塔楼最高泵送点高度为 410m，室外地面布置的水平泵管换算长度为 120m，根据结构的特点，在结构标高 286.000m 的 64 层设置了一个斜坡段以代替常规的 S 形弯管，斜坡底宽为 4m，高度为一个层高 3.6m，然后再直通塔楼顶部。

4.　广州周大福金融中心

广州周大福金融中心（广州东塔）总高度 530m，对泵送高度在 200m 以下和 200m 以上的不同高度分别设置了不同的室外水平泵管布置方案，但均满足水平泵管换算长度是混凝土泵送高度的 1/5 ～ 1/4。在结构标高 150.950m 的 31 层布置一段 4.8m 长的水平管与两个 90°弯头，然后在结构标高 173.450m 的 36 层又布置一段 4.8m 长的水平管与两个 90°弯头，起到阻滞缓冲作用。

5. 广州国际金融中心

广州国际金融中心（广州西塔）地下 4 层，地上 103 层，主塔楼高度为 440.75m，采用"钢结构密柱外筒 + 核心筒"形成的"筒中筒"结构体系，由钢管混凝土巨型斜交网格形成外筒和钢筋混凝土剪力墙内筒以及连接内外筒的钢 - 混凝土组合楼盖所组成，如图 5-4 所示为正在施工中的广州国际金融中心。塔楼 C60 强度等级以上的混凝土大约有 7 万 m³，其中 C80 混凝土最高需要泵送至 411.7m 的高度，C90 混凝土最高需要泵送至 167m 的高度，施工难度非常大。除了采用科学的混凝土配合比、合适的混凝土泵车外，泵管的设计也非常重要，根据结构的特点，在结构标高 35.000m 处设置了一段 18m 长的水平管，在结构标高 198.000m 与 202.000m 处设置了一层楼高的水平回路，在结构标高 403.000m 处设置了一段 12m 长的水平管，如图 5-5 所示为广州国际金融中心泵管布置示意图。

图 5-4　广州国际金融中心施工情况

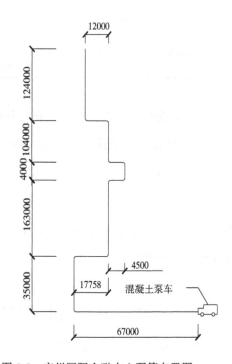

图 5-5　广州国际金融中心泵管布置图

超高层塔楼结构混凝土泵送施工时，一方面在室外和一层结构平面内设置一定长度的水平泵管和弯管，另一方面泵送高度超过200m时应该在一定高度设置泵管水平缓冲层，起到阻滞缓冲作用，利于混凝土泵送施工，表5-1为香港国际金融中心、天津高银117大厦、武汉中心、广州周大福金融中心、广州国际金融中心5个典型超高层工程的泵管布置情况。为了经济合理地满足水平泵管的换算总长度不低于混凝土泵送高度1/5～1/4的要求，对于高度400m以上的超高层其室外水平泵管一般采用分阶段进行布置，从而达到竖向泵管是混凝土实际施工高度的1/5～1/4。广州周大福金融中心对泵送高度在200m以下和以上分别设置了不同的室外水平泵管布置方案。从表5-1可以看到，4个工程的高度均在400m以上，分别设置了一至四个泵管缓冲层。

表5-1　五个典型超高层工程的泵管布置

序号	工程名称	高度/m	水平泵管折算长度/m	泵管缓冲层
1	香港国际金融中心	泵送高度406	100	高度140m、200m、240m处各设置一道缓冲层
2	天津高银117大厦	结构高度596.6	150	计划每隔100m设置一道缓冲层
3	武汉中心	泵送高度410	120	标高286.000m处设置一道缓冲层
4	广州周大福金融中心	建筑高度530	满足水平管长度是竖向泵管的1/5～1/4	高度150.95m、173.45m处各设置一道缓冲层
5	广州国际金融中心	建筑高度440.75	满足水平管长度是竖向泵管的1/5～1/4	标高35.000m、198.000m、202.000m、403.000m处各设置一道缓冲层

也有学者认为超高层混凝土泵送施工时在满足水平泵管的换算总长度不低于混凝土泵送高度1/5～1/4的前提条件下建议不设置缓冲层，因为设置缓冲层以后会影响管道的清洗。中国尊地上108层，建筑高度528m，采用"巨型框架＋伸臂桁架＋核心筒"的结构形式，在上部混凝土泵送施工时没有设置缓冲层，天津高银117大厦后来也取消了缓冲层，表5-2为取消泵管缓冲层的两个工程案例。取消缓冲层不仅与1/4原则有关，也与混凝土输送泵的技术发展有关。

表5-2　泵管布置情况

序号	工程名称	高度/m	水平泵管折算长度/m	泵管缓冲层
1	天津高银117大厦	结构总高度596.6	150	每隔100m设置一道缓冲层，后取消缓冲层
2	中国尊	建筑高度528，结构高度522	满足1/4原则	未设置缓冲层

5.2 内筒外框不等高同步攀升施工技术

超高层建筑根据结构体系、结构高度等特点，施工时采用内筒外框不等高同步攀升施工技术或整体结构外爬内支同步施工技术。

5.2.1 内筒外框不等高同步攀升施工技术的特点

内筒外框不等高同步攀升施工技术的总体施工顺序为：内筒竖向结构先行施工，外框竖向结构随后施工；内筒水平结构跟着内筒竖向结构进行施工，外框水平结构紧跟着外框竖向结构进行施工，形成内筒外框各部位结构不同高度同步施工的流水节奏。内筒外框不等高同步攀升施工技术适用于"巨型框架＋核心筒＋伸臂桁架""钢框架＋核心筒＋伸臂桁架""钢结构密柱外筒＋核心筒"和"钢框架＋核心筒"等结构体系的超高层建筑。

5.2.2 核心筒超高混凝土施工技术

内筒外框不等高同步攀升施工技术的超高层建筑其核心筒一般采用爬模或顶模施工，或采用在顶模基础上形成的智能钢平台。施工时，核心筒部位的混凝土通过泵管输送到施工楼层以后，再通过布料机进行布料施工。布料机可以独立安装于核心筒内进行单独爬升，也可以布置在顶模或爬模平台上，如图 5-6 所示为安装在顶模平台上的布料机。由于爬模与顶模工艺原理与架体构造的不同，因此混凝土入模施工方法也有所不同。

图 5-6 顶模平台上的布料机

1. 爬模环境下核心筒混凝土施工

爬模将支承架固定在下部混凝土墙体上，混凝土墙体正上部没有爬模的任何杆件或设备，有足够空间便于混凝土入模，而且爬模架体一般跨越 2~2.5 个标准层，因此采用爬模施工的核心筒在混凝土浇筑时可以采用布料机将混凝土直接输送到位。

（1）深圳平安金融中心　深圳平安金融中心核心筒采用爬模技术，核心筒内外全爬，并形成爬模平台，将 2 台三一重工的 HGY20 混凝土布料机直接安装在爬模平台的结构梁上，布料机不需要动力系统，布料机随爬模平台同步爬升，混凝土浇筑时将竖向泵管与布料机连接，通过布料机和软管将混凝土输送到位。在核心筒采用爬模体系内外全爬并形成爬模平台的情况下，如果采用液压爬升式布料机将其布置在核心筒内筒，随着工程进度布料机通过自身液压爬升系统向上爬升，当核心筒内筒较小时布料机塔身会影响模架的退模与合模。

（2）国瑞·西安金融中心　国瑞·西安金融中心塔楼地下 4 层，地上 75 层，建筑总高度 350m，塔楼采用"巨型框架 + 核心筒 + 伸臂桁架"结构体系，核心筒结构平面呈 30m×30m 的正方形。核心筒采用爬模技术，核心筒竖向结构与水平结构同步施工，爬模体系没有形成钢平台，将 2 台 HGY21A 型混凝土布料机嵌固在混凝土楼板上，布料机通过自身的液压系统进行爬升，满足了核心筒竖向结构与水平结构同步施工的要求，少量水平结构后期施工。爬模环境下核心筒混凝土输送相对简单，施工方便，布料机的布置较灵活。

（3）海控国际广场　海控国际广场工程 A 座位于海口市金贸中路，地下 3 层，地上 54 层，建筑高度 249.70m，采用"钢柱混凝土框架 + 双连体核心筒"结构形式。工程采用内筒外框不等高同步攀升施工技术，核心筒采用外爬内拼，外墙外侧与电梯井筒采用爬模，其他墙体与水平结构采用普通支模施工。采用 1 台 32m 臂长的自升式全液压遥控混凝土布料机进行混凝土水平布料，将布料机嵌固在双连体混凝土核心筒中间的混凝土楼板上，通过自带的液压顶升系统实现顶升。

（4）工程对比　对深圳平安金融中心、国瑞·西安金融中心塔楼、海控国际广场工程 A 座 3 个工程的核心筒混凝土输送方案在爬模环境下，根据具体的模架体系和工程特点采用了相应的混凝土输送方式（表5-3）。

表 5-3 爬模环境下核心筒混凝土输送

序号	工程名称	建筑高度/m	模架体系	输送方案	布料机安装位置
1	深圳平安金融中心	592.5	内外全爬,形成爬模平台	泵送+布料机	爬模平台
2	国瑞·西安金融中心	350	内外全爬,不形成钢平台	泵送+布料机	钢筋混凝土楼板
3	海控国际广场	250	外爬内拼,不形成钢平台	泵送+布料机	钢筋混凝土楼板

2. 顶模环境下核心筒混凝土施工

顶模通过支承系统的钢立柱与上下箱梁将顶模荷载传递到下部混凝土墙体上,在核心筒上部形成的顶模钢平台由纵横交错的钢结构桁架组成,并且顶模架体跨越 3.5 ~ 4 个标准层,而模板系统与挂架系统处于钢结构平台下方,混凝土必须通过钢结构桁架并穿过多个标准层以后才能落位,并且混凝土下落高度大容易造成混凝土离析,因此,采用顶模施工时核心筒混凝土一般采用布料机结合串筒进行施工,图 5-7a、b 所示为顶模钢平台上设置的混凝土串筒。

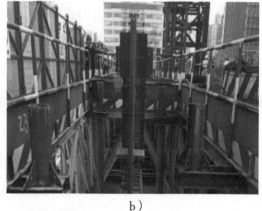

a)   b)

图 5-7 顶模平台上设置的串筒

天津周大福金融中心核心筒采用智能顶模,顶模挂架覆盖 4 个楼层,混凝土下落高度达到 18m,顶模平台上设置了 2 台 HGY21 布料机,并且在顶模平台相应位置设置了 88 根串筒,确保混凝土顺利入模,并且为保证混凝土不离析,在串筒底部再设置料斗,料斗下部设置能够穿过墙体钢筋骨架的小型串筒。顶模环境下核心筒混凝土输送比较复杂,一般要在剪力墙上部设置大量串筒,混凝土泵送到顶模平台以后再采用串筒配合布料机进行混凝土输送。

由于采用的模架体系不同,导致适合采用的混凝土入模施工方法也有所不同,表 5-4 汇总了深圳平安金融中心、国瑞·西安金融中心、天津周大福金融中心 3 个采用不同模架体系的超高层工程的核心筒混凝土输送技术情况,并对比了施工的难易程度。

表 5-4　核心筒超高混凝土输送情况

序号	工程名称	模架体系	输送方案	布料机安装位置	难易程度
1	深圳平安金融中心	内外全爬，形成爬模平台	泵送 + 布料机	爬模平台	混凝土输送相对简单，施工便捷
2	国瑞·西安金融中心	爬模技术，不形成钢平台	泵送 + 布料机	钢筋混凝土楼板	
3	天津周大福金融中心	顶模，形成钢平台	泵送 + 布料机 + 串筒 + 料斗 + 小串筒	顶模平台	混凝土输送相对复杂

5.2.3　外框柱超高混凝土施工技术

超高层建筑外框柱主要有钢管混凝土柱与钢骨混凝土柱两种。外框钢管混凝土柱超高混凝土输送主要有布料机施工技术、针式浇筑施工技术、顶升施工技术、塔式起重机结合吊斗施工技术等，每种施工技术都有自己的特点与适用范围。外框钢骨混凝土柱超高混凝土施工技术主要采用固定泵然后在水平楼层接硬管的方法。

1. 采用布料机施工技术

一般情况下，外框巨型柱的混凝土可以通过泵车输送并结合布料机进行施工。对外围框架结构的混凝土，可采用核心筒外爬式布料机施工，也可以采用将布料机支腿先与钢梁基础连接，再将布料机钢梁基础与外框架结构的水平钢梁可靠连接。两种方法均可采用布料机完成楼面混凝土与柱内混凝土的施工，并通过塔式起重机的吊斗配合施工。

天津高银 117 大厦采用了 2 台 HGY16 布料机，将布料机布置在连接巨型柱与核心筒的水平钢梁上，该布料机可以采用塔式起重机进行移动。广州周大福金融中心采用了 2 台 HGY20 布料机设置在钢结构梁上以满足巨型柱混凝土施工的要求，武汉中心对外框钢管柱混凝土浇筑选用了 HG19G 布料机。

2. 混凝土针式浇筑施工技术

在钢管柱的柱顶侧壁开设混凝土浇筑孔与溢浆孔，然后将混凝土泵管直接敷设到浇筑孔进行混凝土浇筑，柱内混凝土浇筑完成后对孔口采用等强焊接方法予以封闭。首先根据混凝土情况和钢管柱的壁厚计算出钢管柱混凝土一次浇筑的最大高度，并通过足尺模拟试验验证最大浇筑高度，最后确定钢柱的分段高度以满足混凝土浇筑的要求。采用针式浇筑施工技术避免了使用塔式起重机，提高了施工效率，而且避免了需要等待混凝土浇筑完成后才能吊装下一节钢管柱的情况，有效加快了施工进度。

（1）沈阳宝能环球金融中心 T1 塔楼　沈阳宝能环球金融中心 T1 塔楼高度 568m，地下 5 层，地上 113 层，采用"巨型框架 + 核心筒 + 伸臂桁架"结构体系。外围巨型框架有 8 根巨型钢管混凝土柱，巨型柱截面呈长方形，由两个腔体组成，最大截面尺寸达到 5200mm × 3500mm。巨柱混凝土施工采用在钢管柱侧壁开设浇筑孔的施工方法，浇筑孔开设在朝核心筒一侧的巨型柱侧壁上，每一个腔体开设一个浇筑孔，采用自密实混凝土进行浇筑，混凝土强度等级达到 C70。巨柱混凝土浇筑由安装在核心筒外墙外侧的泵管泵送上来，然后接上水平泵管，铺设在外框结构的楼承板上，混凝土在巨型柱两个腔体间转换浇筑。混凝土浇筑完成以后对浇筑孔洞进行结构补强。

（2）广州越秀金融大厦　广州越秀金融大厦地下 4 层，地上 68 层，建筑总高度 309.4m，外围框架结构的钢管混凝土柱在浇筑混凝土时采用了针式浇筑施工技术，钢管柱混凝土一次浇筑的最大高度为 17.4m，每四层设置一个浇筑区间，浇筑孔距钢柱连接处 400mm，孔径 200mm。

3. 混凝土顶升施工技术

钢管混凝土顶升施工是利用混凝土输送泵的压力，在钢管柱脚开设压注口，在钢管柱顶开设出浆孔，将混凝土从压注口由下往上一次顶升完成，保证混凝土的连续性和均匀性。顶升法施工时不影响钢结构的安装施工，与传统施工方法相比大大缩短了工期。实际施工时，一般需要通过试验验证施工工艺的各项参数，复核施工工艺的可操作性。由于混凝土顶升方法科技含量高且对操作人员的要求非常高，施工时不易控制，如果掌握不好容易出现质量与安全问题，因此一般的超高层施工较少采用顶升技术。混凝土顶升法适用柱断面尺寸较小且数量比较多的超高层建筑钢管混凝土柱的施工，顶升法具有施工速度快、技术要求高的特点。

（1）天津周大福金融中心　天津周大福金融中心工程主楼地下 4 层，地上 100 层，建筑高度 530m，如图 5-8 所示为天津周大福金融中心的效果图。工程采用"钢管柱框架 + 核心筒结构"，对多腔体钢管柱施工采用顶升工艺，每次顶升 4 ~ 6 层的混凝土量，混凝土的最大顶升高度达到了 30m。对于双腔体的钢管混凝土柱采用了两个腔体同步顶升技术，使用两台泵车同时同步顶升，以防止混凝土在两个腔体间串流。对钢管柱内混凝土采取顶升施工技术，具有施工进度快、混凝土密实度好、施工成本低等特点，但是对混凝土性能和顶升技术的要求很高。

（2）天津环球金融中心 天津环球金融中心主塔楼地下 4 层，地上 75 层，高度 336.9m，采用"钢管混凝土柱 + 核心筒钢板剪力墙 + 伸臂桁架"抗侧力结构体系，内筒外框共布置了 55 根钢管混凝土柱，钢管柱最大直径为 1700mm，最小直径为 600mm，采用 C60 高强度混凝土，混凝土最高浇筑高度达 313m。钢管混凝土施工时采用顶升工艺，确保了钢管柱内各空腔的密实度。

图 5-8　天津周大福金融中心

4. 塔式起重机料斗施工技术

采用塔式起重机料斗施工工艺简单，高处施工的安全问题较突出，占用塔式起重机的时间久，影响塔式起重机吊次，因此这种施工方法在超高层建筑中使用的相对较少，适合结构高度相对较低且柱子断面尺寸大、数量较少的超高层建筑的钢管混凝土柱施工。

西安延长石油科研中心大楼是西北地区的超高层建筑，地下 3 层，地上塔楼 46 层，结构高度为 195.45m，建筑高度 217.3m，采用"钢管混凝土柱钢框架 + 钢筋混凝土核心筒"的结构体系。塔楼起重机选择了两台 STT553 型平臂式塔式起重机。由于结构高度相对较低且柱子数量较少，钢管混凝土施工时采用塔式起重机料斗吊装的输送办法，柱子每两层浇筑一次，采用高抛免振捣施工技术。

外框钢管混凝土柱布料机施工技术、针式浇筑施工技术、顶升施工技术、塔式起重机结合吊斗施工技术 4 种技术在天津高银 117 大厦等 7 个工程得到应用，应用情况见表 5-5，高度 400m 以上的工程可优先考虑采用布料机施工技术；柱断面尺寸较小、数量较多且项目部技术力量较雄厚时可优先考虑采用顶升技术；钢柱较少、焊工数量与质量有保证时，可以考虑采用针式浇筑施工技术；工程高度较低、现场技术力量一般时，可以考虑采用塔式起重机料斗施工技术。

表 5-5　外框钢管混凝土柱超高混凝土输送情况

序号	方案	工程名称	柱特点	具体应用	技术特点	适用对象
1	泵送+布料机	天津高银 117 大厦 广州周大福金融中心 武汉中心	巨型柱	布料机安装在外框钢梁上	技术含量较高，施工便捷，须验算外框水平钢梁承载能力	高度 400m 以上的巨型结构优先考虑
2	泵送针式浇筑技术	沈阳宝能环球金融中心 T1 主楼 广州越秀金融大厦	巨型柱	钢柱侧壁开设小孔，施工完毕等强焊接封闭	混凝土施工便捷，开孔补孔耗时长	适用于钢柱较少的工程
3	顶升技术	天津周大福金融中心	巨型柱	双腔体同步顶升技术	技术含量高，须验证工艺参数，质量易保证	尤其适用于柱子数量多，柱尺寸较小的工程
		天津环球金融中心	钢管柱	单腔		
4	塔式起重机结合料斗施工	西安延长石油科研中心大楼	钢管柱	平臂式塔式起重机结合料斗进行吊装输送	技术含量低，占用塔式起重机时间久，安全问题较突出	适用于结构高度较低的工程

5. 固定泵接硬管施工技术

（1）深圳平安金融中心　深圳平安金融中心工程地下室 5 层，地上塔楼 118 层，结构高度 555.5m，建筑高度 592.5m。塔楼采用"巨型框架+核心筒+伸臂桁架"结构体系，外筒呈八边形，设置了 8 根巨型钢骨混凝土框架柱，巨型钢骨混凝土框架柱最大截面尺寸达到 5562 mm×2300mm。巨型钢骨柱外部包裹混凝土，钢骨柱内部空腔也设置了混凝土，内外空腔互相不连通，混凝土施工分为内灌和外包两部分。巨型柱混凝土浇筑采用泵管接硬管结合液压爬模进行施工，泵管设置在核心筒外墙上，然后在水平楼层中接混凝土硬管进行浇筑。在钢骨柱侧壁上开设流淌孔，使内腔与外包混凝土连为一体，实现钢骨柱内外腔混凝土同步浇筑，工艺成熟，操作简便。

（2）上海中心大厦　上海中心大厦地下 5 层，地上塔楼 119 层，结构总高度 580m，采用"巨柱框架+核心筒+伸臂桁架"结构体系，外围巨型柱采用钢骨混凝土柱，由 8 根巨柱及 4 根角柱组成，最大截面尺寸达到 3250mm×2600mm。1~4 层巨型柱的混凝土采用汽车泵结合固定泵再接泵管的方式进行施工。4 层及以上巨型柱混凝土浇筑如图 5-9 所示，由安装在核心筒外墙的泵管泵送

图 5-9　水平泵管布置图

117

上来，然后在水平楼层中接混凝土硬管进行浇筑，巨型柱、核心筒内楼板与外框楼板的混凝土采用一次性浇筑的方法，先浇筑巨型柱混凝土，然后浇筑相应的楼面混凝土，混凝土浇筑前对压型钢板底部的楼层钢梁进行支撑加固。

深圳平安金融中心和上海中心大厦均采用"巨柱框架 + 核心筒 + 伸臂桁架"结构体系，外围巨型柱采用钢骨混凝土柱，巨型柱混凝土均采用了固定泵接硬管的施工技术，技术可靠，施工便捷，满足了巨型钢柱骨腔内腔外的混凝土施工要求。

5.3 整体结构外爬内支同步施工技术

一般情况下内筒外框通过钢筋混凝土梁板结构连接成一体的超高层建筑适合采用整体结构外爬内支同步施工技术，主要适用于"钢筋混凝土框架 + 核心筒"和"钢筋混凝土筒中筒"结构体系的超高层建筑。采用"钢筋混凝土框架 + 核心筒"或"钢筋混凝土筒中筒"结构体系的超高层建筑的结构高度基本上在 230m 以下，在超高层建筑里面采用该类结构体系的高度相对较低。采用爬架作为超高层建筑的外部围护架体，采用散拼铝合金模板早拆体系或其他常规模板体系进行内部结构施工，外框结构与核心筒结构不留竖向施工缝同步进行混凝土施工，同一结构层的水平结构与竖向结构也同步施工。采用整体结构外爬内支同步施工时混凝土输送主要通过固定泵结合布料机的方式进行施工。

武汉中华城商业社区一期工程地下 3 层，地上裙房 4 层，主楼 51 层，建筑高度 219.55m，总建筑面积 107107m²，其中地下室 17161m²，采用现浇钢筋混凝土 + 核心筒 + 伸臂桁架结构体系。根据主楼结构体系、结构高度等特点，中华城主楼采用整体结构外爬内支同步施工技术。塔楼混凝土采用固定泵结合布料机进行输送施工，由于结构高度在 200 多 m，因此采用一泵到顶施工技术，在主楼 28 层布置一根 9m 长的水平缓冲管，起到泵送缓冲的作用。混凝土竖向泵管采用专用卡箍通过 200mm × 200mm × 12mm 钢板预埋件与核心筒墙体进行连接，泵管预留洞口尺寸 300mm × 300mm。为了减少管道内混凝土反压力，在泵的出口布置 30 ~ 60m 的水平管及若干弯管，同时由于混凝土泵前端输送管的压力最大，堵管和爆管多发生在管道的初段，特别是水平管与垂直管相连接的弯管处，在泵的出口部位和垂直管的最前段各安装一套液压截止阀。

散拼铝合金模板早拆体系水平方向的承载能力较弱，如果将布料机直接放置在作业层上，混凝土施工浇筑中产生的震动对铝合金模板体系有较大的影响。可以采取结构开洞的方式将布料机设置在作业层下面两层的混凝土楼板上，布料机塔身与作业层铝模脱离，确保铝模体系不受混凝土布料机震动的影响；当建筑平面尺寸较小时也可以考虑将布料机放置在核心筒内筒的剪力墙上，整体结构外爬内支同步施工情况下的布料机的设置见表 5-6。

表 5-6　整体结构外爬内支同步施工情况下的布料机的设置

序号	施工方法	布料机类型	设置部位	提升形式
1	爬架结合散拼铝合金模板	自爬升液压布料机	混凝土楼面或核心筒筒壁	自爬升
2	爬架结合普通模板	独立移动式布料机	作业层楼面	塔式起重机吊运

超高层建筑核心筒施工时，根据结构特点与施工方式的不同，混凝土布料机的布置方式主要有放置在作业层楼面上、设置在结构井道内、设置在混凝土楼面上、放置在集成平台上 4 种方式（表 5-7）。

表 5-7　常规混凝土布料机的设置方式

序号	类　　型	设置部位	提升形式
1	独立移动式布料机	放置在作业层楼面上	塔式起重机吊运
2	自爬升液压布料机	设置在结构井道内	自爬升
3	自爬升液压布料机	设置在混凝土楼面上	自爬升
4	模架平台集成的布料机	放置在集成平台上	随模架同步爬升

5.4　方案比选

对超高层建筑超低位混凝土泵送施工、超高混凝土泵管布置、内筒外框混凝土施工等技术特点进行分析，相应的施工技术在国内多个超高层建筑中得到成功应用。对具体工程——兰州红楼时代广场进行详细分析，根据工程自身特点采取合适的混凝土施工技术。

5.4.1 工程概况

兰州红楼时代广场位于甘肃省兰州市南关十字交叉口，由塔楼与裙房组成。地下3层，裙房12层，塔楼55层，高度为313m，其中结构高度为266m，建筑面积13.7万 m²。地下室结构体系为钢骨混凝土结构，塔楼地上结构采用"矩形钢管混凝土柱＋钢梁＋钢骨混凝土核心筒＋伸臂桁架＋环带桁架"结构体系，其中外围钢框架采用矩形钢管混凝土柱＋钢梁，核心筒内置钢骨柱＋钢骨梁，在加强层设置了环带桁架和伸臂桁架。塔楼的整体平面尺寸为40.5m×40.5m，其中核心筒平面尺寸为19.5m×19.5m。核心筒外墙厚度由1100mm到500mm递减。抗震设防烈度为8度。

5.4.2 地下室超低位混凝土施工技术

塔楼筏形基础平面尺寸为56.70m×60.31m，筏板厚度分别为8.9m、4.5m、4.4m，混凝土浇捣量为15000m³，混凝土强度为C45P8，混凝土浇筑深度达到26.3m。由于大体积混凝土结构整体性要求较高，要求一次性连续浇筑，因此采用斜面分层浇筑技术。在东西两侧各布置2路泵管，在每个出料口各布置一台布料机。由于混凝土浇筑深度达到26.3m，因此先将竖向泵管沿基坑侧壁设置，在基坑17.4m深度处设置一段弯管并敷设水平管，水平管的长度在32m以上，从深度17.4m到塔楼坑底26.3m这一段不设置混凝土泵管，直接采用溜槽施工（图5-10），防止由于泵管内混凝土落差较大而造成堵管的现象。

图5-10 筏板内部溜槽施工

5.4.3 上部超高混凝土施工技术

1. 内筒外框不等高同步攀升施工技术

根据兰州红楼时代广场的结构体系与结构高度，决定采用内筒外框不等高同步攀升技术施工，核心筒竖向结构先行施工，外框结构的钢管柱随后施工，然后施工外框结构的钢梁，内筒外框的水平结构混凝土最后同时施工，图 5-11 为兰州红楼时代广场工程施工实景。2 台动臂式塔式起重机外挂在塔楼核心筒外侧负责上部结构的吊装。塔楼核心筒模架体系采用北京卓良模板公司的 ZPM-100 系列的立柱式爬模架体，核心筒内外墙全部采用爬模，并形成了模架钢平台。

2. 泵管布置技术

塔楼结构高度为 266m，采用一泵到顶施工技术，泵送高度达到 278m，采用 1 套混凝土水平泵管和 2 套竖向立管的施工方案。在一层地面布置一段 45m 长的水平泵管和部分弯管，折算长度达到 50m，图 5-12 为一层水平泵管的固定情况。由于结构高度达到 266m，根据超高层泵管布置的阻滞原则，在结构标高 119.750m 的 26 层再布置一段 9m 长的水平管，起到阻滞缓冲作用。泵管沿室外地面和一层楼面向核心筒电梯间前室进行铺设，楼地面上的水平泵管固定在预先制作好的混凝土支墩上，每根水平泵管都由两个混凝土支座进行固定，并在泵管的出口部位和垂直管的起点位置最前段各安装一套液压截止阀，用于阻止竖管内混凝土的回流和便于对泵车的维修。泵管在核心筒电梯间前室开始沿混凝土剪力墙向上铺设，各楼层预留尺寸为 300mm × 300mm 的洞口以便泵管穿越。竖向泵管通过专用卡箍和 200mm × 200mm × 12mm 钢板预埋件与核心筒剪力墙进行连接，布置时均考虑了爬模的退模空间，在退模位置设置弯折点。

图 5-11　兰州红楼时代广场工程
施工实景

图 5-12　一层水平泵管固定情况

常用的输送管有直径 125mm 与 150mm 两种，输送管直径越大，混凝土输送阻力越小，混凝土在管道内的停留时间越短，需要混凝土泵车与施工管理的配合要求就越高。本工程上部混凝土输送的最大高度为266m，综合考虑以后采用直径125mm、壁厚11mm的超高压管道，保障了管道的抗爆能力。

3. 混凝土泵送设计计算

塔楼最大泵送高度包括布料机在内为278m，先进行内筒施工再进行外框的施工，内筒与外框分两个施工段，采用三一重工的HBT9022CH-5D输送泵，额定功率为$2 \times 186kW$，混凝土理论输送压力低压达到15MPa，高压达到22MPa。混凝土输送泵的输送能力主要体现在两个关键参数上，一是整机功率，二是出口压力。一台混凝土输送泵的整机功率是决定出口压力和输送量的保证，在电动机功率一定的情况下，压力升高了必将使输送量降低；相反，出口压力降低了，输送量将会加大。简单地说，整机功率是输送量的保证，出口压力是泵送高度的保证。浇筑地下室和较低部位混凝土时用低压施工，施工速度快；浇筑上部较高和超高部位混凝土时用高压施工，压力大，施工速度慢。对于超高层的混凝土来说，混凝土泵送高度超高，具有强度高、黏聚性大、混凝土压力损失大等特点，一般采用高压混凝土输送泵的高压进行输送，三一重工的HBT9022CH-5D输送泵高压的理论输送速度达到95m³/h。

根据现场情况，按最长路径拟配管：泵机出口水平段布置45m水平管和3个90°弯管；在高119.750m的26层布置了9m水平管、4个90°弯管，然后泵管一路往上，最后通过2个90°弯管与布料杆连接。垂直管按278m计算，软管1根，按6m计算，其余按常规配置。

通过计算，配管水平换算长度L为1183m，混凝土泵送所需压力P包含混凝土在管道内流动的沿程压力损失P_1、混凝土经过弯管及锥管的局部压力损失P_f以及混凝土在垂直高度方向因重力产生的压力P_3三部分，泵送278m高所需总压力P_{max}为13.97MPa，小于HBT9022CH-5D输送泵混凝土理论输送高压力值22MPa。根据混凝土泵的最大出口压力、配管情况、混凝土性能指标和输出量，计算得出混凝土泵的最大水平输送距离L_{max}为1651m，大于配管水平换算长度L值1183m。

5.4.4　内筒超高混凝土施工技术

由于本工程核心筒采用爬模施工，内外筒全部采用爬模并形成爬模钢平台。塔式布料机或内爬式布料机需要占用核心筒内筒空间,而本工程内筒尺寸较小,因此不适合采用塔式布料机与内爬式布料机。根据工程特点与爬模情况,决定采用三一重工 HGY18 Ⅱ 独立式混凝土布料机,并将布料机直接布置在爬模平台上,如图 5-13 所示为正在安装的布料机。由于内筒尺寸较小,相应的钢平台尺寸也较小,满足不了布置 HGY18 Ⅱ 布料机的平面尺寸要求,因此对布料杆支腿进行了优化改装,将支腿间距从 4.9m × 4.9m 改装成 3m × 3m,从而满足了布料机安装的平面尺寸要求,如图 5-14 所示为支腿改装图。同时为了满足布料杆的稳定性要求,将支腿改装成垂直支腿,并将支腿与钢平台的钢梁进行焊接固定,同时对钢平台的相应部位进行加固。布料机随模架平台同步爬升,混凝土通过泵管向上输送到模架平台再经过布料机进行布料施工。HGY18 Ⅱ 独立式混凝土布料机有三节卷折臂,臂端就位灵活准确,能够轻松实现臂架范围内混凝土的浇筑,提高了混凝土浇筑的效率与质量。

图 5-13　正在安装的布料机

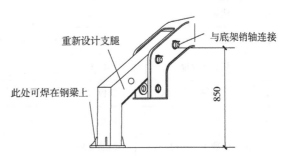

图 5-14　支腿改装示意

5.4.5　外框与水平结构超高混凝土施工技术

外框钢管柱混凝土采用动臂塔式起重机结合特制的混凝土吊斗进行混凝土运输,一斗的混凝土方量达到 4.5m³,满足 1 根钢管柱的混凝土用量,保证了混凝土连续浇筑不产生施工冷缝。外框钢管柱混凝土运输与内筒外框的其他材料穿插施工,确保 2d 完成一层钢管柱混凝土的浇筑工作,并能确保核心筒结构与外框其他结构的正常施工。内筒与外框的水平结构混凝土同时施工,采用泵管输送结合移动式布料机进行混凝土输送,有利于提高内筒与外框水平结构的整体性,并且有利于内筒结构的测量放线与混凝土泵管拆装,提高工效,降低成本。

5.4.6 混凝土实际输送情况

兰州红楼时代广场根据工程特点采用了相应的混凝土输送技术，工程进展顺利，经济性合理，取得了良好的施工效果，2016 年 10 月 24 日结构顺利封顶，2018 年竣工。

5.4.7 典型工程案例对比

兰州红楼时代广场与天津周大福金融中心在混凝土施工技术的对比情况见表 5-8。

表 5-8　天津周大福金融中心与兰州红楼时代广场案例对比

序号	工程名称	天津周大福金融中心	兰州红楼时代广场
1	结构高度	530m	266m
2	地上层数	100 层	55 层
3	地下层数	4 层	3 层
4	建筑面积	39 万 m²	13.7 万 m²
5	结构体系	钢框架 + 核心筒 + 伸臂桁架 + 环带桁架	钢框架 + 核心筒 + 伸臂桁架 + 环带桁架
6	核心筒厚度	2.4 ~ 0.35m	1.1 ~ 0.5m
7	核心筒结构形式	钢板剪力墙	劲性柱混凝土剪力墙
8	外框柱结构形式	钢管混凝土柱	钢管混凝土柱
9	内筒水平结构	钢筋混凝土板	钢筋混凝土板
10	外框水平结构	压型钢板组合楼面	压型钢板组合楼面
11	模架体系	智能顶模平台	爬模体系
12	塔式起重机布置	动臂塔式起重机内爬	动臂塔式起重机外爬
13	核心筒混凝土施工	顶模平台 + 布料机 + 串筒	爬模平台 + 布料机
14	外框柱混凝土施工	钢管混凝土柱采用顶升技术 劲性柱采用泵管接软管浇筑	动臂塔式起重机结合特制料斗
15	内筒楼板混凝土施工	内筒外框楼板混凝土一次浇筑，采用	内筒外框楼板混凝土一次浇筑，采用
16	外框楼板混凝土施工	泵管接软管进行浇筑	泵管接软管进行浇筑

5.5　结论

通过对超高层建筑上部混凝土泵管布置技术、内筒外框不等高同步攀升施工整体环境下核心筒混凝土输送技术以及外框柱超高混凝土采用布料机施工、针式浇筑施工、顶升施工、塔式起重机料斗吊装施工等技术进行对比；以及对整体结构外爬内支同步施工环境下混凝土输送情况进行分析，总结了各种混凝土输送技术的特点和适用对象。

（1）超高层主楼结构混凝土泵送施工时，一方面在室外和一层结构平面内设置一定长度的水平泵管和弯管，满足水平泵管的换算总长度不低于混凝土泵送高度 1/5～1/4 的要求；另一方面泵送高度超过 200m 时应该在一定高度设置泵管水平缓冲层，起到阻滞缓冲作用，有利于混凝土泵送施工，竖向泵管缓冲层可每隔 150m 左右设置一个。

（2）内筒外框采用不等高同步攀升施工技术并且核心筒采用爬模或顶模施工时，核心筒部位的混凝土通过泵管输送到施工楼层以后，再通过布料机进行布料施工。布料机可以独立安装于核心筒内进行单独爬升，也可以布置在顶模或爬模平台上。

（3）核心筒采用爬模技术进行内外全爬施工并且形成爬模平台时，宜将混凝土布料机直接安装在爬模平台上，布料机随爬模平台同步爬升，混凝土浇筑时将竖向泵管与布料机连接，通过布料机和软管将混凝土输送到位。

（4）核心筒采用外爬内支施工技术，核心筒竖向结构与水平结构同步整体浇筑，核心筒外墙外侧采用爬模施工，内筒与水平结构采用散拼模板施工，爬模体系没有形成钢平台，混凝土布料机宜优先安装在混凝土楼板上，也可以将布料机布置在核心筒内筒，布料机通过自身液压系统进行爬升。

（5）核心筒采用顶模施工时，核心筒混凝土一般采用布料机结合串筒进行施工。在顶模平台相应位置设置串筒，在串筒底部再设置料斗，料斗下部再设置小型串筒，确保混凝土顺利入模。

（6）内筒外框整体结构采用外爬内支同步施工时，混凝土采用固定泵结合布料机进行输送。当采用爬架结合散拼铝合金模板进行外爬内支施工时，可采用自爬升液压布料机并将其设置在混凝土楼面上或结构井道内；当采用爬架结合普通模板进行外爬内支施工时，可采用独立移动式布料机并将其布置在作业层楼面上。

（7）超高层建筑外框钢管混凝土柱的混凝土输送主要采用布料机施工、针式浇筑施工、顶升施工、塔式起重机结合吊斗施工等技术，高度400m以上的巨型结构工程可优先考虑采用布料机施工技术；柱断面尺寸较小、数量较多且项目部技术力量较雄厚时可优先考虑采用顶升技术；钢柱数量较少、焊工数量与质量有保证时，可以考虑采用针式浇筑施工技术；工程高度较低、现场技术力量一般时，可以考虑采用塔式起重机料斗施工技术。

（8）超高层建筑外框钢骨混凝土柱混凝土输送主要采用固定泵在水平楼层接硬管的方法，可满足巨型钢柱骨腔内腔外的混凝土施工要求。

第6章

超高层建筑工程大型
塔式起重机布置技术

6.1　超高层建筑施工塔式起重机吊装特点

6.1.1　"巨型框架 + 核心筒 + 伸臂桁架"结构体系塔式起重机吊装特点

采用"巨型框架 + 核心筒 + 伸臂桁架"抗侧力结构体系的超高层建筑，结构复杂，层数多，高度高，大部分采用四柱或八柱巨型结构（图 6-1、图 6-2），施工时一般采用不等高同步攀升技术。外围结

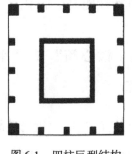

图 6-1　四柱巨型结构

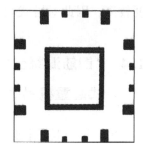

图 6-2　八柱巨型结构

构的巨型钢柱与巨型斜撑截面尺寸大，分段后的单个构件重量大；核心筒钢板剪力墙结构施工时要求形成钢板吊装焊接施工、钢筋绑扎施工、混凝土浇筑、混凝土养护四个作业面，要求立体施工，因此对塔式起重机的要求非常高，只有充分发挥塔式起重机的性能，才能保证工程的进度与质量。

6.1.2　"钢框架 + 核心筒 + 伸臂桁架"结构体系塔式起重机吊装特点

采用"钢框架 + 核心筒 + 伸臂桁架"结构体系的超高层建筑，结构复杂程度适中，施工时一般采用不等高同步攀升施工技术。外围框架结构的钢柱截面尺寸较大，分段后单个构件吊重较大；框架梁与核心筒内的钢骨柱、钢骨梁截面尺寸较小，分段后单个构件吊重较轻，塔式起重机吊装最重的构件是外围框架钢柱或加强层的钢结构桁架。核心筒施工时要求形成钢骨柱与钢骨梁安装焊接施工、钢筋绑扎施工、混凝土浇筑、混凝土养护四个作业面。核心筒钢骨柱、钢骨梁的工作量比第一类建筑的钢板剪力墙小，施工难度也低。因此，对塔式起重机的性能要求适中。

6.1.3　"钢框架 + 核心筒"或"钢柱混凝土框架 + 核心筒"结构体系塔式起重机吊装特点

采用"钢框架 + 核心筒"或"钢柱混凝土框架 + 核心筒"结构体系的超高层建

筑，外围钢柱截面尺寸较大，分段后单个构件吊重较大。"钢框架＋核心筒"结构体系的超高层建筑，内筒与外框通过钢梁进行连接，因此一般采用不等高同步攀升施工技术。"钢柱混凝土框架＋核心筒"结构体系的超高层建筑，由于外框的楼面梁板为钢筋混凝土结构，内筒与外框通过钢筋混凝土梁进行连接，因此经常采用内筒与外框同步施工的方法，并结合铝合金模板进行施工。由于外围钢柱构件的吊重较大，建筑高度较高，因此对塔式起重机的性能要求适中。

6.1.4 "钢筋混凝土框架＋核心筒"或"钢筋混凝土筒中筒"结构体系塔式起重机吊装特点

采用"钢筋混凝土框架＋核心筒"或"钢筋混凝土筒中筒"结构体系的超高层建筑，结构相对简单，且大部分建筑的高度在220m以内。一般采用内筒与外框同步施工的方法，如果整个结构施工采用内支外爬施工技术，则塔式起重机的主要吊装构件是钢筋和模板；如果采用内支外爬并结合铝合金模板进行施工，则塔式起重机的主要吊装构件是钢筋，因此单个构件的吊重较轻，对塔式起重机的性能要求相对较低。

6.1.5 各结构体系塔式起重机吊装特点对比

从结构特点、施工方法、施工难度与塔式起重机性能要求等方面，对"巨型框架＋核心筒＋伸臂桁架""钢框架＋核心筒＋伸臂桁架""钢框架＋核心筒"或"钢柱混凝土框架＋核心筒""钢筋混凝土框架＋核心筒"或"钢筋混凝土筒中筒"4大类超高层建筑结构体系的塔式起重机吊装特点进行对比分析，见表6-1。

表 6-1 超高层建筑塔式起重机吊装特点对比

序号	结构体系	结构特点	施工方法	施工难度	塔式起重机性能要求
1	巨型框架＋核心筒＋伸臂桁架	巨型钢构件截面尺寸很大，分段后的单个构件重量很大，核心筒钢板剪力墙施工复杂	内筒外框不等高同步攀升施工技术	很大	很高
2	钢框架＋核心筒＋伸臂桁架	外框钢柱和桁架分段后单个构件吊重较大；其他构件分段后吊重较轻，核心筒施工较复杂	内筒外框不等高同步攀升施工技术	大	高

（续）

序号	结构体系	结构特点	施工方法	施工难度	塔式起重机性能要求
3	钢框架＋核心筒或钢柱混凝土框架＋核心筒	外围钢柱截面尺寸较大，分段后单个构件吊重较大，核心筒施工较复杂	内筒外框不等高同步攀升施工技术	中	适中
4	钢筋混凝土框架＋核心筒或钢筋混凝土筒中筒	主要吊装构件是钢筋和模板，单个构件的吊重较轻，核心筒施工难度一般	整体结构外爬内支同步施工技术	一般	一般

6.2 超高层建筑施工塔式起重机布置技术

国内大型超高层建筑采用的大型动臂塔式起重机主要有法福克系列、中昇系列，其他还有永茂系列、中联重科等。超高层塔式起重机的布置主要有 4 种方式：一是塔式起重机布置在顶模操作平台上，通过顶模智能平台进行爬升；二是通过钢结构支撑架将塔式起重机外挂于核心筒外侧筒体上；三是通过钢梁将塔式起重机安装于核心筒筒体内进行爬升；四是常规落地式附墙安装方式。

国内典型超高层建筑施工塔式起重机应用情况见表 6-2，从表 6-2 可以看出，结构高度在 200～400m 的超高层建筑采用内爬的居多，结构高度在 400m 以上的超高层建筑采用外爬的居多，随着科技的发展，结构高度在 500m 以上的超高层建筑的塔式起重机有与智能钢平台集成的趋势。塔式起重机具体布置时，主要考虑结构体系、整体施工方案、分段构件的吊重、结构高度等，其他还要结合工程周边环境、场地条件、工期要求、技术能力、施工成本等因素综合考虑。如果一个超高层建筑采用的是整体结构外爬内支同步施工技术，那么塔式起重机不宜布置在核心筒外侧墙体上；如果一个超高层建筑采用的是内筒外框不等高同步攀升技术，那么塔式起重机可以考虑布置在核心筒外侧墙体上。

表 6-2 国内典型超高层建筑塔式起重机应用情况

项目名称	结构高度/m	塔式起重机一	数量	塔式起重机二	数量	爬升形式
央视新台址	234	M1280D	2	M600D	2	内爬
武汉中心大厦	438	M900D	2	ZSL1250	1	
深圳京基 100	441.8	M900D	2	—	—	
广州周大福金融中心	530	M1280D	2	M900D	1	

（续）

项目名称	结构高度/m	塔式起重机一	数量	塔式起重机二	数量	爬升形式
西安绿地中心	270	STL1000	1	STL720	1	内爬＋外爬
嘉陵帆影	458	M1280D	2	M440D	1	
广州国际金融中心	440.75	M900D	3	—	—	外爬
南宁华润中心 东写字楼	403	M760DX M600F	各1	HL45/28	1	
深圳平安金融中心	592.5	M1280D	2	ZSL2700	2	
天津高银117大厦	596.6	ZSL2700	2	ZSL1250	2	
上海中心大厦	632	M1280D	2	ZSL2700	1	
中国尊	528	M1280D	2	M900D	2	2台M900D集成于钢平台，2台M1280D内爬
武汉绿地中心	636	M1280D	2	ZSL2700 ZSL380	各1	ZSL380集成于钢平台，其他3台先内爬安装，后其中2台改为外挂
沈阳宝能环球金融中心T1塔楼	568	M1280D	1	ZSL2700 ZSL1150	各1	3台塔式起重机均集成于智能钢平台

6.2.1 塔式起重机外挂施工技术

1. 塔式起重机外挂特点

塔式起重机通过钢结构支撑架外挂于核心筒外侧筒体上的主要优点：塔式起重机处于内外吊装点居中位置，缩短了塔式起重机的有效吊装半径，增加了堆场的覆盖范围，充分发挥了动臂塔式起重机的吊装性能；其次，塔式起重机布置在核心筒外侧筒体上解决了动臂塔式起重机与爬模或顶模系统由于内筒狭小造成的冲突问题，以及塔式起重机标准节与爬模箱梁、桁架梁的冲突问题，消除了布料机布料时在内爬塔式起重机后面的盲区，也不影响核心筒内正式电梯的安装；另外，塔式起重机外挂加大了各塔式起重机之间的距离，在防止塔式起重机碰撞、提高塔式起重机工效等方面效果明显。因此，在钢结构构件吊重大、建筑物高度较高（如达到300m以上）、核心筒墙体满足塔式起重机外挂要求等条件下，优先考虑采用塔式起重机外挂的布置方式，如图6-3所示为外挂塔式起重机的上下钢结构支撑架。外挂塔式起重机的主要缺点是：塔式起重机钢结构支撑架对核心筒筒体的结构要求高，钢结构支撑架施工与外挂塔式起重机顶升技术含量高、施工难度较大，钢结构支撑架施工成本较高。

2. 塔式起重机外挂应用技术

对于采用"巨型框架＋核心筒＋伸臂桁架"抗侧力结构体系的第一类建筑，优先考虑塔式起重机外挂方式。此类工程建筑高度往往很高，结构吊装时单件重量很大，达到几十吨，甚至上百吨；核心筒施工时需要钢板或钢骨柱焊接、钢筋绑扎、混凝土浇筑、混凝土养护各个作业面同步展开，因此模架体系往往采用顶模施工，而顶模体系的箱梁、桁架梁等需要一定的内筒空间，采用塔式起重机外挂时避免了和顶模的冲突问题。为了提高塔式起重机的使用效率，采用塔式起重机外挂方式综合效益明显。采用"巨型框架+核心筒+伸臂桁架"抗侧力结构体系的上海中心大厦、深圳平安金融中心、天津高银 117 大厦、广州越秀金融大厦等工程均采用了塔式起重机外挂方式。

图 6-3　塔式起重机上下钢支撑

（1）天津高银 117 大厦　天津高银 117 大厦工程地上 117 层，结构高度 596.2m，采用"巨型框架+钢板剪力墙核心筒+伸臂桁架"结构体系，核心筒为钢板混凝土剪力墙结构/钢骨混凝土剪力墙结构。工程采用内筒外框不等高同步攀升施工技术，核心筒采用少支点低位顶升钢平台模架体系进行结构施工。本工程中外框钢结构的进度控制是重点，外框钢结构的施工任务中巨型柱和巨型桁架的施工进度是整个外筒结构的施工重点，塔式起重机的吊装任务非常重。在核心筒外侧筒体上布置了 2 台 ZSL270 和 2 台 ZSL1280 动臂塔式起重机，将塔式起重机安装在核心筒外侧筒体上，使塔式起重机处于内外吊装点的居中位置，缩短了塔式起重机的有效吊装半径，能充分发挥动臂塔式起重机优越的吊装性能；核心筒结构每上 4 层顶模体系顶升 1

图 6-4　天津高银 117 大厦

次，塔式起重机同步爬升 1 次，如图 6-4 所示为天津高银 117 大厦的结构施工情况。

（2）上海中心大厦　上海中心大厦在核心筒上外挂了 4 台 M1280D 动臂塔式起重机，

深圳平安金融中心在核心筒上外挂了 2 台 M1280D 和 2 台 ZSL2700 动臂塔式起重机，广州越秀金融大厦在核心筒上外挂了 2 台 M900D 动臂塔式起重机。随着塔式起重机外挂技术越来越成熟，更多高度在 300m 以上采用"巨型框架 + 核心筒 + 伸臂桁架"结构体系的建筑采用塔式起重机外挂技术，"钢框架 + 核心筒 + 伸臂桁架"等其他结构体系的超高层也有开始采用塔式起重机外挂技术。

6.2.2 塔式起重机内爬施工技术

1. 塔式起重机内爬特点

设置于核心筒筒体内进行爬升的塔式起重机可以充分利用自身结构的特点，将塔式起重机荷载较均衡地分布于核心筒的墙体上，一般情况下筒体不需要加固或加固成本较低，并且塔式起重机安装、爬升更方便，安全性也更高。但是塔式起重机设置于核心筒筒体内缩短了塔式起重机的有效吊装范围，影响场地布置与吊装能力；布置在核心筒内的塔式起重机与顶模支撑系统之间的相互影响较大，两者相互制约、相互影响；而且内爬塔式起重机对布置在核心筒内的混凝土泵送管、施工电梯等都有着影响，对核心筒内正式电梯与管道的安装也会产生一定的影响。

2. 塔式起重机内爬应用技术

对于采用"钢框架 + 核心筒 + 伸臂桁架"结构体系的第二类建筑，可以考虑采用将塔式起重机设置于核心筒筒体内进行爬升的方式。塔式起重机设置于核心筒内虽然没有发挥最佳作用，但是由于建筑高度不是特别高，没有巨型框架、巨型斜撑和钢板剪力墙等吊重特别大的构件，采用塔式起重机内置方式的基础梁计算方法相对简单，施工也相对便捷，而且在核心筒内进行塔式起重机顶升作业安全性较高，塔式起重机内置方式的施工成本也较低，因此塔式起重机内置方式对于第二类建筑是一种不错的选择。建筑高度 269.7m 的西安绿地中心采用一台 STL1000 动臂式塔式起重机内爬升、一台 STL720 外挂；建筑高度 316m 的重庆国金中心 T1 塔楼采用 2 台内爬升 STL420A 动臂式塔式起重机。

对于采用"钢框架 + 核心筒"或"钢柱混凝土框架 + 核心筒"结构体系的第三类建筑，当建筑高度较高时，如在 250m 以上，可优先考虑采用将塔式起重机设置于核心筒筒体内进行爬升的方式。特别是当结构体系为"钢柱混凝土框架 + 核心筒"时，一般采用内筒与外框同步施工，如果将塔式起重机外挂在核心筒外侧，则必须要在外框结构相应部位从下往上留出安装位置，影响后续施工。广西九洲国际大厦地下6层，塔楼地上71层，裙房9层，建筑高度达到317.6m，塔楼采用"钢管柱混凝土框架＋钢筋混凝土核心筒"结构体系，外框柱为钢管柱，外框梁为钢筋混凝土梁。塔楼内筒外框同步整体施工，采用外爬内支技术进行施工，采用爬架作为外围护架，模板采用散拼铝合金模板体系，将两台动臂塔式起重机布置在核心筒内进行内爬升施工。当高度较低时，如在200m以下，可优先考虑采用常规落地附着式施工方法。因为采用该体系的工程的最大吊重构件是钢柱，单个构件吊重适中，将塔式起重机设置于核心筒筒体内进行爬升的方式，能满足施工要求，经济性也较好。

3. 综合考虑，确定布置方案

对于采用"巨型框架＋核心筒＋伸臂桁架"抗侧力结构体系的第一类建筑的广州周大福金融中心和武汉中心采用了塔式起重机内爬施工技术。广州周大福金融中心高度达到530m，由于需要安装外挂塔式起重机位置的核心筒剪力墙的最小厚度只有400mm，内墙厚度也只有400mm，如果采用塔式起重机外挂则墙体承载力明显不足，通过综合考虑成本、进度等因素，最后实际采用了塔式起重机内爬施工技术。武汉中心的建筑高度达到438m，核心筒的最薄墙体厚度仅为250mm，且层数达到21层，通过采用增大钢筋直径和数量的方法对墙体进行加固，最终将两台动臂塔式起重机（ZSL1250和M900D）布置在核心筒筒体内，如果采用塔式起重机外挂方式则加固成本会更高。采用"钢斜撑框架＋混凝土核心筒"结构体系的广州利通广场，是国内著名的薄壁筒体结构超高层，同样由于筒体厚度过薄，承载力明显不足，采用增加两道通高的钢筋混凝土剪力墙等技术措施对筒体进行了加固，满足塔式起重机内爬要求。

6.2.3　塔式起重机集成于智能钢平台

1. 塔式起重机集成特点

智能钢平台是以顶模为基础建立高度集成的智能化平台，顶模在核心筒上部空间形成了一个巨大的钢结构平台，顶模架体跨越多个标准层，形成一个封闭的整体平台，钢平台上可以设置堆场、机房、布料机、消防水箱等，甚至可以集成塔式起重机。塔式起重机集成于钢平台上，随钢平台同步爬升。塔式起重机与钢平台的集成，避免了塔式起重机支承钢构件的反复安装与拆除，节约了材料与焊接工作量，避免了塔式起重机与钢平台分开单独顶升带来的工期损失，提高了机械化与智能化施工水平，降低了安全风险。

2. 塔式起重机集成应用技术

结构高度在 500m 以上的超高层建筑在塔式起重机布置时可以考虑与智能钢平台集成。结构高度在 500m 以上的超高层建筑绝大多数采用"巨型框架 + 核心筒 + 伸臂桁架"抗侧力结构体系，外围结构由巨型柱、伸臂桁架、环带桁架、巨型斜撑和框架钢梁等构成，巨型钢柱与巨型斜撑截面尺寸大，分段后的单个构件重量大；核心筒一般采用或部分采用钢板剪力墙结构，因此钢构件的吊装任务非常重大。结构高度在 500m 以上的超高层其相应的结构层数多，塔式起重机需要爬升的次数也多，采用塔式起重机与智能钢平台集成技术以后，塔式起重机与智能钢平台整体爬升，能够充分发挥塔式起重机的性能，提高了工作效率，加快了施工进度。

将塔式起重机集成于钢平台上的安装方式主要有两种，一种是通过自立的方式将塔式起重机直接与平台顶部的桁架钢梁连接；另一种是附着的方式将塔式起重机与钢平台集成，共设置三道附着钢支撑，三道支撑分别与平台顶部钢梁、平台支承系统钢梁、塔身底部钢梁连接，顶部支撑与中部支撑可传递竖向力与水平力，下部支撑传递水平力。倾覆力矩小的塔式起重机可以采用自立方式安装在钢平台上，倾覆力矩大的塔式起重机可以采用附着的方式与钢平台集成连接。

（1）武汉绿地中心　武汉绿地中心由一栋超高层主楼、一栋办公辅楼、一栋公寓辅楼及裙房组成，其中塔楼地上 125 层，建筑高度 636m，屋面结构标高为 586m。塔楼采用"巨型框架 + 伸臂桁架 + 核心筒"的结构形式，巨型框架由巨型柱、环带桁架和水平钢梁组成。核心筒平面呈"Y"型，单层面积约为 1044m²。根据施工需要投入两台 M1280D、一台 ZSL2700 动臂式塔式起重机，其中 ZSL2700 通过采用自

图 6-5　塔式起重机集成于钢平台

立方式与钢平台集成（图 6-5），ZSL2700 安装在钢平台上随钢平台爬升，整个钢平台自重约 2000t。

（2）中国尊　中国尊地上 108 层，建筑高度 528m，采用"巨型框架 + 伸臂桁架 + 核心筒"的结构形式，2 台 M900D 大型动臂塔式起重机与智能钢平台集成，平台自重约 2300t。

由于 M900D 动臂塔式起重机倾覆力矩大，因此采用附着方式将塔式起重机与钢平台进行连接，实现了 M900D 动臂塔式起重机与钢平台的同步顶升，避免了塔式起重机与钢平台分开单独顶升，减少塔式起重机自爬升 28 次，节省塔式起重机单独爬升带来的工期影响约 56 天，减少 400t 塔式起重机安装预埋件。

（3）沈阳宝能环球金融中心　沈阳宝能环球金融中心总建筑面积为 106 万 m^2，由 7 幢塔楼组成且全部为超高层，其中 T1 塔楼高度达到 568m，T2 塔楼高度达到 318m，5 幢住宅塔楼高度为 200m，如图 6-6 所示为沈阳宝能环球金融中心的效果图。

T1 塔楼建筑高度 568m，地上 113 层，采用"巨型框架 + 核心筒 + 伸臂桁架"抗侧力结构体系。上部结构采用内筒外框不等高同步攀升施工，核心筒采用微凸支点匣套智能顶升平台。平台集成了液压顶模、3 台动臂塔式起重机、布料机、施工电梯、施工堆场等，如图 6-7 所示图中前者为 T1 塔楼。平台自重约 2000t，加上施工荷载以后平台重 5000t，平台组装时间为 2 个月，塔式起重机集成安装 1 个月，共计大约 3 个月。

T2 塔楼建筑高度 318m，64 层，采用了"钢结构框架 + 核心筒"结构体系。工程采用不等高同步攀升技术进行施工，核心筒采用顶模平台，如图 6-7 所示图中后者为 T2 塔楼，动臂塔式起重机外挂于核心筒剪力墙外侧。

图 6-6　沈阳宝能环球金融中心效果图

图 6-7　塔式起重机布置

5 幢住宅塔楼建筑高度200m，工程采用内筒外框同步施工技术，整体结构采用爬架结合铝模早拆体系进行施工，塔式起重机落地式附墙安装。

6.2.4 常规落地附着式塔式起重机施工技术

1. 落地附着式塔式起重机的特点

采用常规落地附着式安装时，塔式起重机布置在框架柱和剪力墙等结构刚度和强度较大的部位，尽量保证塔式起重机中心点与主体结构附墙点的垂直距离为6~8m，并且附墙杆与附着点支座的夹角在45°~60°之间。常规落地附着式塔式起重机施工技术工艺成熟，安全易保证，经济性较好，但是由于塔式起重机标准节的尺寸、强度、刚度等原因，常规落地附着式安装的塔式起重机的最大高度在200~220m之间，各个塔式起重机厂家生产的各类塔式起重机略有区别。

2. 落地附着式塔式起重机的应用技术

对于采用"钢框架+核心筒"或"钢柱混凝土框架+核心筒"结构体系的第三类建筑，当高度较低时，如在200m以下，可优先考虑采用常规落地附着式施工方法。广州东风中路S8地块工程采用了"钢柱混凝土框架+核心筒"结构体系，建筑高度170m，对核心筒采用外爬内支并结合铝合金模板进行施工，因此，外框架结构的吊重较大，核心筒的构件吊重较轻，施工时采用两台塔式起重机，一台动臂式塔式起重机落地式安装，附着于外框结构的钢柱上，主要负责外框架结构的吊装；另一台平头塔式起重机落地式安装在核心筒内，主要负责核心筒钢筋的吊装。采用"钢框架+核心筒"结构体系的杭州信雅达国际中心（建筑高度185m），塔式起重机落地安装附着于外框结构的钢柱。珠海横琴总部大厦建筑高度为157.5m，也采用了常规落地附着式塔式起重机进行施工。

对于采用"钢筋混凝土框架+核心筒"或"钢筋混凝土筒中筒"结构体系的第四类建筑，且建筑高度在200m以下时，可以优先考虑采用常规落地附着式塔式起重机施工技术。杭州迪凯国际商务中心结构体系为"钢筋混凝土筒中筒"，结构高度为165m，是当时杭州结构高度最高的超高层建筑，采用了常规落地附着式塔式起重机进行施工。当建筑高度较高，采用常规落地附着式安装的塔式起重机不能满足工程要求时，必须采用其他方式，贵州花果园D区双子塔工程采用的是"钢筋混凝土筒中筒"结构体系，由于其建筑高度达到334.5m，采用常规落地式附墙安装方式无法满足建筑高度的要求，因此采用了

MCT370 型平头式塔式起重机布置在核心筒内进行内爬施工。

6.2.5　提高塔式起重机独立高度的技术措施

目前一些较先进的动臂塔式起重机的独立高度往往达到 60m 以上，而有些动臂塔式起重机的独立高度则偏小。FAVCO 系统的 M1280D 塔式起重机全高可以达到 64m，在深圳平安金融中心工程中 M1280D 塔式起重机外挂于核心筒外墙，固定夹持高度 20m，自由高度达到 44m。中升系列的 ZSL2700 塔式起重机全高可以达到 64.76m，在深圳平安金融中心工程中 ZSL2700 塔式起重机外挂于核心筒外墙，固定夹持高度 20m，自由高度达到 44m。如果动臂塔式起重机独立高度较小，可以通过加强塔式起重机标准节强度等措施来提高动臂塔式起重机的独立高度，以减少动臂塔式起重机的爬升次数，提高工作效率，加快工程进度，降低爬升费用。

西安绿地中心建筑高度 269.7m，采用了两台动臂式塔式起重机，1 台 STL720 动臂式塔式起重机安装于核心筒墙体外侧，1 台 STL1000 动臂式塔式起重机设置在核心筒内采用内爬升施工。由于采用的 STL1000 动臂式塔式起重机的独立高度为 48m，扣除夹持高度和爬模高度以后，其有效利用高度仅为 14m，根据 4.2m 的标准层层高，STL1000 动臂式塔式起重机必须每三层爬升一次，塔式起重机爬升次数过于频繁。通过加强塔式起重机标准节强度等措施，将塔式起重机独立高度从 48m 提高到 54m，有效利用高度提高到 20m，满足塔式起重机每 4 层爬升一次，加快了工程进度，降低了爬升费用。

南宁华润中心东写字楼工程的塔楼高度达到 445m，采用动臂式塔式起重机 M600F、HL45/28、M760DX 各一台，分别布置在核心筒外侧墙体上。通过采用特制型加强节将 3 台动臂式塔式起重机的塔身高度从 56m 提高到 60m，将塔式起重机的爬升次数从 21 次减少到 19 次，满足塔式起重机每 5 层爬升一次，施工速度明显加快，经济效益显著。

6.2.6　支撑架加强技术措施

外挂塔式起重机的钢结构支撑架的设计与安装要求都非常高，特别是支撑体系与核心筒结构的连接，既要确保荷载的有效传递，还要应对恶劣气候与特殊环境的影响，如地震、台风。因此塔式起重机钢结构支撑架的预埋件优先采用锚固钢板，锚固钢板与核心筒内钢柱或钢板直接焊接固定，质量更易保证，如图 6-8 所示为塔式起重机支撑架预埋件直接与核心筒内的钢柱焊接在一起的情况。昆明西山万达广场的动臂式塔式起重机采用外挂方式，塔式起重机钢结构支撑架的预埋件采用了锚固钢板并与钢柱直接焊接，经历了 2014 年在昆明周边发生的地震，虽然钢结构支撑件预埋件处的核心筒混凝土开裂情况较为严重，但是由于采用了这一技术措施，经专家组评审认定：预埋件锚固钢板与核心筒内钢柱连接可靠，不影响塔式起重机的安全与吊装作业。

图 6-8　支撑架埋件

6.3　方案比选

通过对国内具有代表性的超高层塔式起重机施工技术进行分析研究与借鉴，确定在兰州红楼时代广场工程中采用相应的施工技术。

6.3.1　工程概况

兰州红楼时代广场位于甘肃省兰州市，是兰州市的标志性建筑物，由主楼、裙房组成。主楼 55 层，裙房 12 层，地下 3 层，高度 313m，其中结构高度 266m，建筑面积 13.7 万 m²，如图 6-9 所示为兰州红楼时代广场效果图。工程地下室结构体系为钢骨混凝土结构；主楼地上结构采用"钢框架 + 核心筒 + 伸臂桁架"结构体系，外围钢框架采用钢管混凝土柱 + 钢梁，核心筒内置钢骨柱 + 钢骨梁，加强层设置伸臂桁架和环带桁架，以提高塔楼的整体抗侧向能力。塔楼的整体平面尺寸为 40.5m ×40.5m，其中核心筒平面尺寸为 19.5m×19.5m，核心筒外墙厚度由 1100mm 到 500mm 递减。钢结构总体用钢

图 6-9　兰州红楼时代广场效果图

量大约 2 万 t，抗震设防烈度为 8 度。

6.3.2　塔式起重机施工技术

　　根据工程特点，兰州红楼时代广场采用了不
等高同步攀升施工技术，内筒结构的施工领先于
外框结构，外框结构紧随其后，形成内筒外框不等
高同步攀升施工工况。核心筒领先外框 6～8 层，
钢柱领先钢梁 2 层，钢梁领先压型钢板 3 层，压
型钢板领先外框水平楼板 3 层。兰州红楼时代广
场结构高度为 266m，如果采用附墙安装方式，则
塔式起重机无法满足安装高度的要求。根据工程
特点和场地条件，塔式起重机主要解决的是大量
钢构件的运输问题，且钢构件重量较大，外挂方
式与内爬方式相比塔式起重机更接近构件堆场，
更能发挥动臂塔式起重机的性能；核心筒外墙厚
度较厚、强度较高，在墙体不加固的情况就能满
足塔式起重机外挂的承载力要求；而且由于核心
筒内筒平面尺寸较小，只有 19.5m×19.5m，塔式
起重机外挂可以避免两台动臂塔式起重机后臂发
生冲突现象。因此，决定采用塔式起重机外挂施
工技术，1 台中联重科 L630-50 塔式起重机和 1 台
中联重科 TCR6055-32 塔式起重机，两台塔式起重
机额定起重力矩均达到 6300kN·m，L630-50 的
最大起重量为 50t，TCR6055-32 的最大起重量为
32t，如图 6-10 所示为结构施工中的兰州红楼时代
广场，图 6-11 是塔式起重机的外挂钢平台。在工
程施工中，核心筒采用爬模施工，塔式起重机外

图 6-10　施工中的兰州红楼时代广场

图 6-11　塔式起重机外挂钢平台

挂与爬模系统相互配合，爬模爬升四次，塔式起重机爬升一次，满足工程进度的要求。采

用塔式起重机外挂方式后，核心筒内筒的利用率更高，施工电梯、混凝土泵管等的布置更灵活。塔式起重机钢结构支撑架的预埋件采用锚固钢板，并与核心筒内的钢柱焊接在一起，以预防地震等特殊情况的发生。由于工程地上55层，结构高度达到266m，采用塔式起重机外挂方式后，虽然钢结构支撑架等费用提高了，但是施工效率更高，综合成本反而更低。工程进展顺利，目前工程已经竣工。

6.4　结论

通过对国内主流超高层建筑采用大型塔式起重机的布置方式进行分析研究，根据不同的结构体系、结构高度、吊装难度等情况针对性地采取相应的塔式起重机布置技术，表6-3为"巨型框架＋核心筒＋伸臂桁架""钢框架＋核心筒＋伸臂桁架""钢框架＋核心筒"或"钢柱混凝土框架＋核心筒""钢筋混凝土框架＋核心筒"或"钢筋混凝土筒中筒"等4大类超高层建筑结构体系的塔式起重机布置方案。

表6-3　超高层建筑塔式起重机布置方案

序号	结构体系	结构特点	吊装难度	塔式起重机方案	代表工程
1	巨型框架＋核心筒＋伸臂桁架	结构高度很高，单个构件重量很大	很大	外挂	深圳平安金融中心
		结构高度500m以上，单个构件重量很大	很大	与钢平台集成安装	沈阳宝能金融中心
2	钢框架＋核心筒＋伸臂桁架	结构高度250m以上，单个构件重量较重	大	外挂	西安绿地中心
		结构高度较低，单个构件重量较轻	中	内爬	重庆国金中心
3	钢框架＋核心筒或钢柱混凝土框架＋核心筒	结构高度250m以上	中	内爬	广西九洲国际大厦
		结构高度200m以下	一般	落地附着	杭州信雅达国际中心
4	钢筋混凝土框架＋核心筒或钢筋混凝土筒中筒	结构高度250m以上	一般	内爬	贵州花果园D区双子塔
		结构高度200m以下	一般	落地附着	杭州迪凯国际商务中心

（1）采用"巨型框架 + 核心筒 + 伸臂桁架"抗侧力结构体系的超高层，一般情况下其结构高度很高，往往达到 400m 以上，吊装构件很重，该体系的工程适合采用塔式起重机外挂方式，代表工程有深圳平安金融中心；当结构高度达到 500m 以上可以考虑塔式起重机与智能钢平台集成安装的方式，代表工程有沈阳宝能金融中心。

（2）采用"钢框架 + 核心筒 + 伸臂桁架"结构体系的超高层，其结构高度往往在 250 ~ 350m 之间，吊装构件较重，可优先考虑采用塔式起重机外挂方式，代表工程有西安绿地中心；当结构高度较低、吊装构件较轻时可采用塔式起重机内爬方式。

（3）对于采用"钢框架 + 核心筒"或"钢柱混凝土框架 + 核心筒"结构体系的第三类建筑，当建筑高度较高时，如在 250m 以上，可优先考虑采用将塔式起重机设置于核心筒筒体内进行爬升的方式，代表工程有广西九洲国际大厦；当建筑高度较低时，如在 200m 以下，可优先考虑采用常规落地附着式施工方法，代表工程有杭州信雅达国际中心。

（4）对于采用"钢筋混凝土框架 + 核心筒"或"钢筋混凝土筒中筒"结构体系的第四类建筑，且建筑高度在 200m 以下时，可以优先考虑采用常规落地附墙安装方式，代表工程有杭州迪凯国际商务中心；当建筑高度较高，常规落地式附墙安装方式无法满足建筑高度要求时，可以考虑塔式起重机内爬方式，代表工程有贵州花果园 D 区双子塔。

第7章

超高层建筑模架选型与施工技术

超高层建筑施工技术的发展史同时也是一部超高层建筑模架技术的发展史，超高层建筑模架技术从爬升外脚手架结合模板系统进行施工，发展到液压爬升模板体系、整体提升钢平台模板体系，再到整体顶升模板体系、交替支撑式整体钢平台、智能集成钢平台模架体系。我们将爬升脚手架简称爬架，液压爬升模板体系简称爬模，整体提升钢平台模板体系简称提模，整体顶升模板体系简称顶模，智能集成整体钢平台模架体系简称集成平台。从爬架发展到爬模，已经不是简单的操作架概念，其功能涵盖了模板系统；从爬模、提模发展到顶模、整体集成钢平台，其概念已经从传统模架体系提升到了智能集成平台的高度。

国内整体集成钢平台的研究与应用以中国建筑股份有限公司与上海建工集团股份有限公司为两大代表，他们研究并应用了具有各自特色的模架体系。

中国建筑股份有限公司研究与应用的模架体系有爬模体系、顶模体系和集成钢平台等。顶模体系也从最初的低位顶模向凸点顶模钢平台与外爬内顶模架体系两方面发展，凸点顶模钢平台是一个能够高度集成的模架体系，不仅具有模板系统、操作架系统，平台还能够集成堆场、机房、布料机、消防水箱等设施，有些工程的智能集成钢平台甚至集成了塔式起重机；核心筒外爬内顶模架体系是爬模与顶模的结合，吸取了两者的优势。

上海建工集团股份有限公司研究与应用的模架体系有内筒外架整体式自升钢平台模架体系、劲性钢柱式整体钢平台模架体系、临时钢格构柱式提模体系、钢梁与筒架交替支撑式整体爬升钢平台模架体系、钢柱与筒架交替支撑式整体提升钢平台模架体系，模架体系的动力提升系统从升板机发展到小型液压油缸动力装置。

在超高层建筑实际施工时，根据结构体系、结构高度、建筑层数、层高变化、工期要求等情况进行技术分析采用相应的模架体系。

7.1　爬架体系

7.1.1　体系特点

超高层建筑采用爬架体系进行结构施工时，通常采用外爬内支的施工技术，从爬架体系结合普通模板到爬架体系结合铝合金模板早拆体系。随着铝合金模板早拆体系的不断完善，爬架体系融合铝合金模板早拆体系进行整体施工的优势得到有效发挥，应用范围不断扩大。

7.1.2 适用范围

对于"钢筋混凝土框架＋核心筒"和"钢筋混凝土筒中筒"结构体系的超高层建筑，一般采用内筒外框同步施工的方法，整个塔楼结构施工采用外爬内支施工技术，塔楼的外部围护架体适合采用爬架。采用爬架体系结合铝合金模板早拆体系的外爬内支的施工技术，避免了核心筒竖向结构和水平结构分开施工造成的连接处理难题，提高了结构的整体性和稳定性，铝模板逐层上递，大大减轻了塔式起重机的垂直运输压力，减小了爬架仅仅作为围护操作架的缺点。"钢筋混凝土框架＋核心筒"和"钢筋混凝土筒中筒"结构体系的超高层建筑由于自身结构特点和经济因素，其高度一般控制在250m以内，因此对此类建筑采用爬架体系结合铝合金模板早拆体系的经济效益较好。

7.1.3 工程应用

广西九洲国际大厦地下6层，塔楼地上71层，裙房9层，建筑高度达到317.6m，塔楼采用"钢管柱混凝土框架＋钢筋混凝土核心筒"结构体系，外框柱为钢管柱，外框梁为钢筋混凝土梁，楼板也为钢筋混凝土结构，通过钢筋混凝土环梁将钢筋混凝土梁和钢管柱连接起来。由于内筒外框通过钢筋混凝土梁连接，因此塔楼整体结构采用内筒外框同步施工技术，采用爬架配合铝合金模板体系进行结构施工。

华远金外滩三期工程建筑高度达到238m，主楼采用"钢筋混凝土框架＋核心筒"结构体系，采用爬架配合散拼铝模板进行内筒外框同步施工。

7.2 爬模体系

7.2.1 体系特点

爬模体系利用下部核心筒剪力墙作为承载结构实现单组爬升或整体爬升，各组模架爬升到位后进行结构施工。爬模与顶模相同，主要用于竖向结构施工，核心筒内的梁板水平结构一般需要另行支模进行施工。爬模体系主要指液压爬模体系，其技术成熟，标准化程度高，并能较好地适应结构的变化，大部分构件可以重复使用，用钢量少，架体重量轻，爬模安装、调整、爬升更方便灵活，造价比顶模更经济。但是液压爬模承载力较低，不能堆载重量很大的材料与设备，不能集成大型布料机与塔式起重机，爬模的整体刚度比顶模体系差。

液压爬升模板体系中的模板系统分为钢模系统、铝模系统和木模系统。由于木模系统的承载力原因，其木工字梁尺寸较大，在合模与退模时需要较大的工作面，因此在空间较小的核心筒内筒等部位使用时受到影响，再加上防火要求等原因，采用木模系统的爬模在实际推广中受到一定的影响，实际工程中使用较多的是采用钢模系统和铝模系统的液压爬升模板体系。

核心筒采用爬模体系进行施工时，根据核心筒结构情况，分为外爬内支施工技术、内外全爬施工技术和多模架体系。

1. 外爬内支施工技术

核心筒采用外爬内支施工技术时，核心筒外墙外侧采用液压爬模，外墙内侧、内墙和梁板水平结构采用铝合金模板进行同步整体现浇施工，避免了核心筒竖向结构和水平结构的接缝处理，核心筒的整体性和稳定性好。施工电梯能够直接上升到结构作业层，方便人员上下。由于核心筒竖向结构与水平结构同步施工，其一次性施工的工作量比"内外全爬"先施工竖向结构的工作量大，因此施工速度也相对较慢。采用外爬钢模与外爬铝模的技术性能分析见表7-1。外爬铝模的成本高于外爬钢模，但是外爬铝模的整体性能略高于外爬钢模，实际施工时根据工程特点、施工成本、技术性能等综合考虑进行选择。

表7-1　外爬钢模与外爬铝模的技术性能分析

项目	技术对比	经济对比
外爬钢模	(1) 架体整体荷载大，构件较重，操作笨重 (2) 与内支铝模的配套性较差 (3) 混凝土成型质量好	两者基本相同，铝模略高一点
外爬铝模	(1) 架体整体荷载较小，构件较轻，操作简便 (2) 与内支铝模的配套性好 (3) 混凝土成型质量好	

2. 内外全爬施工技术

核心筒采用内外全爬施工技术时，所有墙体全部采用爬模体系进行施工，水平结构施工滞后于竖向结构施工，内部爬模退模合模时需要较大的空间，适用于核心筒内筒尺寸较大的工程；内侧爬模架体承载能力较强，机械化程度高，爬升速度快，能形成较大的施工平台，有利于材料、机具、机房的堆放和布置；平台可以集成布料机，有利于加快工程的施工进度；内外墙全部采用爬模先施工竖向墙体，可以加快施工速度，有利于配合外框结构的施工，核心筒的快速施工可以形成良好的工程形象。缺点是施工电梯只能到达爬模底部，工作人员需通过挂架和马道上到作业面；水平结构的钢筋需要在核心筒剪力墙内预埋或通过接驳器连接，增加一定的工作量和工程成本。

7.2.2 适用范围

对于"钢柱混凝土框架 + 核心筒""钢框架 + 核心筒""钢框架 + 核心筒 + 伸臂桁架"结构体系的超高层建筑，结构高度大部分在 150 ~ 400m 之间，根据结构高度和地区特点，核心筒会采用内置钢骨柱 + 钢骨梁的钢筋混凝土筒体结构，为提高塔楼的整体抗侧向能力，在加强层设置伸臂桁架和环带桁架。根据内筒外框的结构特点，采用不等高同步攀升施工技术，内筒结构领先于外框结构施工，外框结构紧随其后，形成内筒外框不等高而同步攀升施工的节奏，因此不适合采用爬架体系施工，而适合采用爬模、提模或顶模体系。当此类结构体系的超高层建筑的结构高度在 400m 以内时，适合采用爬模体系进行施工，此时其经济性比顶模体系更好。核心筒较大时可以采用内外全爬，核心筒较小时受退模空间的影响，可以采用筒模或内支散拼铝模进行施工。

采用"巨柱框架 + 核心筒 + 伸臂桁架"抗侧力结构体系的超高层建筑，其外框巨型框架柱一般采用钢骨混凝土巨型柱，在巨型钢柱内外填充钢筋混凝土形成组合结构，而且外框巨型框架柱为实心体结构，因此在结构施工时一般采用液压爬模进行施工。实际施工时可将液压爬模架体高度提高，以满足钢柱的大量吊装、焊接工作，并保证钢柱吊装焊接施工时有安全的操作平台。

7.2.3 工程应用

1. 核心筒外爬内支施工

（1）广州东风中路 S8 地块　广州东风中路 S8 地块工程主楼地下 4 层，地上 31 层，建筑高度为 170m。主楼采用"钢框架 + 核心筒"结构体系，外框采用钢管混凝土柱框架结构，核心筒采用钢筋混凝土结构，由左右两个筒组成。主楼核心筒结构施工采用了外爬内支施工技术，外爬模采用铝合金大模板，核心筒内支模板采用散拼铝合金模板早拆体系。通过外爬内支施工技术，实现核心筒水平结构与竖向结构同步施工；采用散拼铝合金模板早拆体系加快了模板周转，提高了工程质量，经济效益比较可观。

（2）长沙世茂广场 长沙世茂广场工程地下4层，地上79层，建筑高度348.5m。塔楼采用"钢框架+核心筒+伸臂桁架"结构体系，外框采用钢管混凝土柱框架结构，核心筒为钢筋混凝土结构，核心筒结构平面形状为矩形，呈典型的九宫格式，核心筒面积大约为600m²。塔楼核心筒采用了外爬内支并结合铝合金模板早拆体系进行施工，核心筒结构外墙采用铝合金爬模，核心筒内墙与水平结构采用散拼铝合金模板，核心筒水平结构与竖向结构同步施工。在两个电梯井内筒采用爬模并形成与布料机组合的钢平台，方便工程施工，经济效益较好。

2. 核心筒内外全爬施工

（1）郑州绿地中央广场 郑州绿地中央广场为双塔超高层建筑，地下4层，地上63层，总建筑高度283.9m，采用"钢框架+核心筒+环带桁架"结构体系。核心筒结构平面形状规整，是典型的九宫格式，核心筒平面尺寸为31.5m×31.5m，每个内筒平面尺寸为10.5m×10.5m，内筒空间尺寸较大，如图7-1所示为核心筒平面图。塔楼层高变化多，除标准层高外，还有多种非标准层高，墙体截面厚

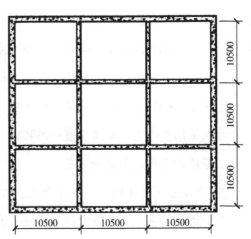

图7-1 郑州绿地中央广场核心筒平面图

度变化也很大。根据结构特点，核心筒采用液压爬模进行内外全爬施工，外墙采用FYM150型液压爬模，内墙采用JFYM100型液压爬模，核心筒竖向结构先行，水平结构滞后施工，正常施工速度为5d/层。

（2）苏州现代传媒广场 苏州现代传媒广场办公楼地上42层，建筑总高度214.8m，采用"钢框架+核心筒+伸臂桁架"结构体系。核心筒平面形状呈九宫格形，平面尺寸为29.9m×21.6m，内筒楼板采用钢筋混凝土楼板，核心筒采用爬模体系进行内外全爬施工。2台动臂式塔式起重机安装于核心筒内筒，动臂式塔式起重机标准节与爬模架体的净距为500~1000mm，防止动臂式塔式起重机摇摆时与爬模架体产生碰撞。

3. 核心筒多模架体系施工

（1）望京 SOHO 中心　望京 SOHO 中心 T3 塔楼地下 4 层，地上 45 层，结构高度 175m，采用"钢框架＋核心筒"结构体系，核心筒采用钢骨混凝土结构，核心筒剪力墙内置钢骨梁与钢骨柱，外框结构采用"钢管混凝土柱＋钢梁结构＋组合楼板"，核心筒内筒尺寸大小不一。T3 塔楼采用超高层不等高同步攀升施工技术，内筒先行，外框紧跟，水平结构随后展开，形成各部位同步施工的流水节奏。核心筒施工以内外全爬的爬模体系为主，外墙外侧采用卓良 ZL-ZPM100 重型液压爬模，内墙为卓良 ZL-QPM50 轻型液压爬模，对于墙体高度只到 16 层的外墙采用非液压悬臂模板系统，对于个别空间尺寸很小的内筒采用定型钢模板结合散拼模板的施工方法。

（2）北京财源国际中心　北京财源国际中心西塔工程由 2 栋 37 层的主楼与 27 层的副楼组成，主楼建筑总高度 156.6m，采用"钢框架＋核心筒"结构形式，核心筒为钢筋混凝土结构。核心筒平面呈矩形，面积为 368m^2，由大大小小 17 个内筒组成。主楼采用核心筒先行、外框紧跟的不等高同步攀升施工技术，核心筒采用了核心筒内外全爬的施工方案。在实际施工中由于小筒空间尺寸小，采用爬模施工的效率不能充分发挥，以及由于爬模爬升过程中液压千斤顶出现问题等原因，17 个内筒中 2 个大筒液压爬模继续施工，其他 15 个小筒采用整体支撑架筒模进行吊装施工。

4. 核心筒爬模应用情况汇总

表 7-2 汇总了外爬内支、内外全爬、多模架体系等 3 种施工技术在广州东风中路 S8 地块、长沙世茂广场、苏州现代传媒广场、郑州绿地中央广场、望京 SOHO 中心 T3 塔楼、北京财源国际中心西塔等 6 个工程的核心筒施工中的应用情况。

表 7-2　超高层核心筒爬模应用情况

体系	施工技术	代表工程	结构体系	高度/m
液压爬模	外爬内支	广州东风中路 S8 地块	钢框架＋核心筒	170
		长沙世茂广场	钢框架＋核心筒＋伸臂桁架	348.5
	内外全爬	苏州现代传媒广场	钢框架＋核心筒＋伸臂桁架	214.8
		郑州绿地中央广场	钢框架＋核心筒＋伸臂桁架	283.9
	多模架体系	望京 SOHO 中心 T3 塔楼	钢框架＋核心筒	175（200）
		北京财源国际中心西塔	型钢混凝土框架＋核心筒	156.6

5. 巨型柱爬模施工

（1）深圳平安金融中心　深圳平安金融中心塔楼地下 5 层，地上 118 层，建筑高

度 592.5m，采用"巨型框架 + 核心筒 +
伸臂桁架"抗侧力结构体系，外框采用 8
根巨型钢骨混凝土柱。其中核心筒采用
液压爬模施工，外框巨型柱采用轨道附
着式液压爬模体系（图 7-2）施工。该爬
模体系在传统液压爬模系统的基础上进
行改进，根据巨型钢骨混凝土柱的特点
在架体上设置轨道附着爬升装置，满足
爬模体系在巨型柱的钢骨芯柱进行爬升。

（2）武汉绿地中心　武汉绿地中心由
一栋超高层主楼、一栋办公辅楼、一栋公

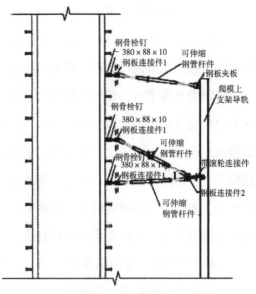

图 7-2　采用轨道附着液压爬模

寓辅楼及裙房组成，其中塔楼地上 125 层，建筑高度 636m，屋面结构标高为 586.000m。
塔楼采用"巨型框架 + 伸臂桁架 + 核心筒"的结构形式，巨型框架由巨型柱、环带桁架和
水平钢梁组成。12 根巨型钢骨混凝土柱由下至上整体倾斜，截面面积达到 13m²。巨型柱
施工采用角度可以调节的附板式液压爬模体系，将爬模的荷载传递给水平楼板与相应的钢
梁，而不是如常规爬模一样将荷载传递给墙柱等竖向结构，采用附板式液压爬模体系不影
响巨型柱的关键施工线路。

（3）巨型柱爬模应用汇总　在深圳平安金融中心、武汉绿地中心等 2 个工程的外框巨
型柱爬模应用情况汇总见表 7-3。

表 7-3　巨型柱爬模应用情况

模架体系	代表工程	巨型柱结构类型	高度/m
液压爬模	深圳平安金融中心	巨型钢骨柱	592.5
	武汉绿地中心	巨型钢骨柱	586

7.3　顶模体系

7.3.1　体系特点

顶模体系主要由钢框架系统、支撑系统、顶升系统、模板系统、挂架系统等组成，通

过支撑系统的钢立柱与上下箱梁将荷载传递到下部核心筒墙体,通过顶升系统提供顶升动力。顶模在核心筒上部空间形成了一个巨大的钢结构平台,平台内钢结构桁架纵横交错,模板系统与挂架系统通过钢框架系统下挂于钢平台下方。顶模架体跨越 3.5 个标准层,形成一个封闭的整体平台,可满足钢结构吊装焊接、钢筋绑扎、混凝土浇筑、混凝土养护等不同工序的交叉施工,实现分段流水施工。顶模整体性好、承载力强、安全性好,筒内水平结构需二次施工。由于顶模体系强大的顶升与支承能力,因此顶模平台能够高度集成,顶模钢平台上可以设置堆场、机房、布料机、消防水箱等,甚至可以集成塔式起重机,目前已经有工程将塔式起重机设置在顶模钢平台上,随平台同步爬升。布置在核心筒内的施工电梯通过附着于顶模体系从而能够直达钢平台,实现施工人员的快速输送。

顶模体系设计的定向性比爬模体系强,通用性与周转性较差,一般可以自行设计、加工和安装,标准化程度低,用钢量大,架体重量大,遇到结构变化时调整修改难度大,一次性投入大,因此顶模的主要缺点是造价高,大约是爬模的两倍。由于顶模体系在核心筒上部形成了一个钢结构桁架纵横交错的钢平台,而模板系统与挂架系统下挂于钢平台下方,造成钢构件、混凝土等必须通过钢结构桁架落位,施工时有一定的难度。

7.3.2 设计要求

根据核心筒的平面尺寸、结构特点等进行顶模体系的专项设计,设计时要综合钢结构、脚手架、模板、液压油缸、混凝土结构等专业知识,需要解决以下主要问题。

(1)满足钢构件的顺利落位和混凝土穿越平台桁架层和部分挂架后顺利入模,特别是钢板剪力墙构件的落位。钢平台纵横交叉的主次桁架梁对钢板剪力墙的吊装会产生较大的影响,有些特殊部位的钢板墙需要采用双机换钩法吊装,甚至辅以电动葫芦,吊装难度大,施工更复杂。另外,还要考虑顶模埋件与核心筒型钢柱等的冲突问题。

(2)发挥顶模体系承载力强、稳定性好的特点,优化集成堆场、机房、布料机、消防水箱等。协调布置顶模支撑系统与核心筒内的塔式起重机、施工电梯、混凝土泵送管等的相互关系。考虑核心筒平面结构变化、伸臂桁架层等进行系统调整与重新布置的便捷性与经济性。

7.3.3 适用范围

由于顶模架体跨越 3.5 个标准层,能够满足不同工序的交叉施工,实现立体分段流水施工，适用于高度特别高或工期要求非常紧的超高层建筑，高度越高顶模的性能越容易发挥，经济性越好。采用"巨型框架＋钢板剪力墙核心筒＋伸臂桁架"抗侧力结构体系的超高层建筑，外围结构由巨型柱、巨型斜撑、伸臂桁架、环带桁架和框架钢梁构成，核心筒采用钢板剪力墙结构，内筒与外框通过伸臂桁架和钢梁相连接。采用此类结构体系的超高层建筑，其高度非常高，通常在300m以上，钢板剪力墙的钢板尺寸大、厚度厚，吊装、拼接、焊接的工作量非常大，在核心筒竖向工作面上需要形成钢板吊装焊接区、钢筋绑扎区、混凝土浇筑区、混凝土养护区等4个区进行立体施工，因此顶模体系适用于此类结构体系的超高层建筑。

7.3.4　工程应用

1. 天津高银117大厦

天津高银117大厦工程地上117层，结构高度596.2m，采用"巨型框架＋钢板剪力墙核心筒＋伸臂桁架"结构体系，核心筒为钢板混凝土剪力墙结构/钢骨混凝土剪力墙结构，采用顶模体系施工将核心筒竖向划分为钢板吊装焊接区、钢筋绑扎区、混凝土浇筑区、混凝土养护区等4个区，在平面上形成钢结构区、土建区，各区独立施工，形成三维立体交叉作业。5~37层的钢板剪力墙核心筒按5d/层施工，其他钢骨柱剪力墙核心筒按4d/层施工，施工效率非常高。

2. 广州周大福金融中心

广州周大福金融中心地下5层，地上111层，建筑高度530m，采用"巨型框架＋钢板剪力墙核心筒＋伸臂桁架"结构体系，核心筒为钢板混凝土剪力墙结构，核心筒结构施工时采用了顶模体系。

3. 华润深圳湾国际商业中心

华润深圳湾国际商业中心地下4层，地上66层，建筑总高度400m，结构高度331.5m，采用"密柱钢框

图7-3　华润深圳湾国际商业中心

架+核心筒"结构体系。外框结构采用 28 根大截面型钢混凝土柱,楼面为钢梁组合楼板体系。塔楼标准层平面呈圆形,核心筒呈正方形,核心筒平面尺寸由 30.1m×30.1m 逐渐减小至 23.7m×23.7m。核心筒采用凸点顶模,安装时间近 3 个月。

4. 应用情况汇总

天津高银 117 大厦、广州周大福金融中心、华润深圳湾国际商业中心等 3 个工程的核心筒顶模体系应用情况见表 7-4。

表 7-4 超高层核心筒顶模体系应用情况

模架	代表工程	核心筒结构特点	高度/m	共同特点
顶模	天津高银 117 大厦	钢板剪力墙核心筒 + 伸臂桁架	632	高度超过 400m,核心筒采用钢板剪力墙,核心筒结构施工时形成钢结构与土建两个主要施工操作层
	广州周大福金融中心	钢板剪力墙核心筒 + 伸臂桁架	530	
	华润深圳湾国际商业中心	密柱钢框架 + 核心筒	400	高度达到 400m

7.4 顶模集成平台

7.4.1 体系特点

模架体系正在往高度集成化与便捷轻量化两个方向发展。模架体系高度集成发展形成了集成智能钢平台,集成平台是在顶模体系基础上的再发展与提升。集成平台包括了钢框架系统、支承系统、动力系统、模板系统、挂架系统、智能控制系统等,钢框架系统由框架柱、框架梁等组成。框架柱采用格构柱,位于核心筒的外墙,使整个集成平台的抗倾覆力矩比低位顶模更大。为集成平台系统提供高承载力的关键技术是微凸支点技术。微凸支点往往占据一个标准层,由混凝土微凸点、钢构件承力件、对接杆和固定件等组成,竖向荷载通过承力件传递给混凝土微凸点,再通过混凝土微凸点传递给核心筒墙体。如图 7-4 所示为凸点顶模三维模型。因为微凸支点技术和框架柱的布置位置使集成平台能够提供更大的承载力和刚度，使用与爬升更安全。根据"千米级摩天大楼结构施工关键技术研究"中的信息，同样的平台覆盖范围、同样的架体高度，集成平台提供的竖向承载力大约是低位顶模的 3 倍，抗侧向刚度大约是低位顶模的 7 倍。

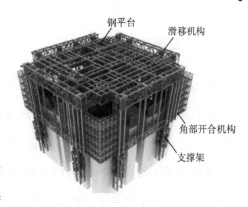

图 7-4　凸点顶模三维模型

大型动臂式塔式起重机和模架体系是超高层施工的两个关键因素，而动臂式塔式起重机的爬升与模架体系的顶升相互影响、相互制约，对超高层核心筒施工进度有着至关重要的影响。从武汉绿地中心到中国尊，再到沈阳宝能环球金融中心，完成了大型动臂式塔式起重机与模架体系的高度集成。平台的真正集成以动臂塔式起重机的集成为标志，模架体系集成化的代表工程是沈阳宝能金融中心。

7.4.2　适用范围

集成平台能够提供强大的顶升动力，承载力更好，稳定性更强，平台可以集成材料堆场、机房、布料机、消防水箱、塔式起重机。为避免动臂式塔式起重机爬升与模架体系顶升的相互影响，采取将塔式起重机与钢平台集成，避免了塔式起重机与集成平台单独顶升，节省了时间，加快了工程进度。

集成平台设计的定向性比爬模体系强，通用性与周转性较顶模体系有一定的提高，但是较爬模还是差，架体用钢量大，重量大。集成平台一次性投入大，造价高，遇到结构变化时调整修改难度较大。与顶模体系类似，由于集成平台在核心筒上部形成了一个钢结构架纵横交错的钢平台，模板系统与挂架系统下挂于钢平台下方，造成钢构件、混凝土等必须通过钢结构桁架落位，施工时有一定的难度。同时，平台的高度集成也要求有相应的强有力的技术进行支撑。

集成平台能够满足不同工序的立体交叉施工，实现立体分段流水施工，适用于高度特别高或工期特别紧的超高层建筑施工。由于平台初次安装的时间较长，因此超高层建筑的高度越高越能发挥集成平台的优势，经济性也越好。集成平台比较适合于 400m 以上的采用内筒外框不等高同步攀升技术施工的超高层建筑，能够在核心筒竖向工作面上形成钢构件吊装焊接区、钢筋绑扎区、混凝土浇筑区、混凝土养护区等 4 个区，满足核心筒的施工需要。

7.4.3 工程应用

1. 武汉绿地中心

武汉绿地中心（图7-5）核心筒部分采用钢板剪力墙核心筒结构，其平面呈"Y"形，单层面积约为1044m²。上部结构施工采用超高层不等高同步攀升施工技术，核心筒先行施工，外框结构紧跟。核心筒采用顶模智能集成平台，根据核心筒的平面尺寸，顶模智能集成平台的平面也呈"Y"形，面积大约为1 600m²。平台由双层钢桁架、立柱及柱底支撑结构等组成，桁架下挂8层柔性挂架及铝模。平台集成了1台ZSL2700塔式起重机、布料机、控制室、材料堆场、临时水电等公共资源，整个智能平台自重约2000t，如图7-6和图7-7为武汉绿地中心采用智能平台施工的情况。实际施工时钢板剪力墙核心筒的施工速度达到5d/层。

图7-5 效果图

图7-6 武汉绿地中心智能平台

图7-7 武汉绿地中心

2. 沈阳宝能环球金融中心

沈阳宝能环球金融中心T1塔楼高度568m，地上113层，采用"巨型框架＋核心筒＋

伸臂桁架"抗侧力结构体系。上部结构采用内筒外框不等高同步攀升施工,核心筒采用微凸支点匣套智能顶升平台。平台集成了液压顶模、3 台动臂塔式起重机、布料机、施工电梯、施工堆场等。平台自重约 2000t,加上施工荷载以后重 5000t,平台组装时间为 2 个月,塔式起重机集成安装 1 个月,共计大约 3 个月。

3. 中国尊

中国尊地上 108 层,建筑高度 528m,采用"巨型框架 + 核心筒 + 伸臂桁架"结构。工程共布置了 4 台动臂式塔式起重机(2 台 M1280D 动臂式塔式起重机和 2 台 M900D 动臂式塔式起重机)。M900D 塔式起重机的最大起重量为 64t、起重臂长 55m,自由高度 60m。智能钢平台集成了 2 台 M900D 大型动臂式塔式起重机,平台自重约 2300t,减少 2 台 M900D 动臂式塔式起重机自爬升次数 28 次,减少了大量塔式起重机预埋件,加快了施工进度。

4. 应用情况汇总

武汉绿地中心、沈阳宝能环球金融中心 T1 塔楼、中国尊等 3 个工程的核心筒顶模集成平台应用情况见表 7-5。

表 7-5　超高层核心筒顶模集成平台应用情况

模架	代表工程	结构特点	高度/m	共同特点
顶模集成平台	武汉绿地中心	巨型框架 + 核心筒 + 伸臂桁架	636	高度超过 400m,核心筒结构施工时形成钢结构与土建两个主要施工操作层
	沈阳宝能环球金融中心 T1 塔楼	巨型框架 + 核心筒 + 伸臂桁架	568	
	中国尊	巨型框架 + 核心筒 + 伸臂桁架	528	

7.5　爬模与顶模组合体系(外爬内顶)

7.5.1　体系特点

外爬内顶模架体系是爬模与顶模的结合,核心筒外部和个别空间狭小的内筒采用爬模体系,核心筒内部采用顶模平台,顶模平台由多个顶模小平台组成。内筒顶模平台体系是以预埋在剪力墙内的大直径爬升锥作为支撑顶升点,通过固定上构架和下构架支撑并顶升整个顶模体系，采用低吨位油缸实现灵活多变的顶升，可以单个内筒顶模独立顶升，也可以几个内筒顶模组合顶升，实现核心筒内顶模平台的施工灵活性。外爬内顶模架体系发挥了爬模与顶模的各自优势，适应性强，施工快捷，满足材料堆场、剪力墙钢筋绑扎、剪力墙混凝土浇筑、合模和拆模施工、混凝土养护修补、爬升锥的预埋与拆除，甚至能满足核心筒内水平梁板结构施工的需要。

外爬内顶模架体系具有以下主要优点：组合方便，施工灵活；内筒顶模用钢量少，质量轻，成本低；内筒顶模技术成熟，安全可靠，稳定性好；轻量化设计，模块化设计，适用性与通用性强；内筒顶模可以集成布料机、施工水箱、材料堆场，满足施工需要。外爬内顶模架体系布料更灵活，布料机可以设置在顶模小平台上，在浇筑核心筒混凝土时采用布料机将混凝土直接输送到位，而传统的顶模体系和在顶模基础上形成的集成平台必须设置大量串筒从而将混凝土输送到核心筒的剪力墙内。

7.5.2　适用范围

外爬内顶模架体系能够满足不同工序的立体交叉施工，实现立体分段流水施工，适用于高度较高的超高层建筑，一般情况下300m以上超高层建筑可考虑采用此技术。特别是核心筒个别内筒较小，不适合在内筒设置顶柱、顶梁，而结构高度又特别高的超高层建筑，非常适合采用外爬内顶模架体系，对核心筒外部和个别空间狭小的内筒采用爬模体系，其他内筒采用顶模平台。对于结构高度很高且核心筒平面尺寸变化次数多、变化量大的超高层建筑，非常适合采用外爬内顶模架体系。对于结构高度很高，但是核心筒剪力墙厚度较小的超高层建筑，如果采用常规的低位顶模与集成平台则必须对大量较薄剪力墙进行加强以满足剪力墙承载力的要求，此类建筑也非常适合采用外爬内顶模架体系。采用外爬内顶模架体系能够在核心筒竖向工作面上形成钢构件吊装焊接区、钢筋绑扎区、混凝土浇筑区、混凝土养护区等，满足核心筒的施工需要。

7.5.3　工程应用

南宁华润中心东写字楼工程，地下3层，地上86层，建筑高度445m，采用"钢框架+核心筒"结构体系，塔楼核心筒变化非常大，由最初的"九宫格"变化为"六宫格"，最后收缩为"三宫格"。

　　根据南宁华润中心东写字楼的结构体系、结构高度与楼层数量，核心筒适合采用爬模、集成平台、外爬内顶等模架体系。由于塔楼核心筒变化非常大，如果采用爬模、集成平台，则在核心筒平面变化时要对模架做很大的修改调整，工作量很大。采用外爬内顶的模架体系，在核心筒外围和空间较小的内筒采用爬模系统，空间尺寸较大的大筒采用顶模系统，内筒顶模系统布置 4 ~ 6 个千斤顶，各顶模独立安装，但是可以组合协同顶升，完全可以适应核心筒由"九宫格"变化为"六宫格""三宫格"的特点。

　　内筒顶模平台的设计荷载达到 $10kN/m^2$，内筒顶模平台实现了布料机、水箱和钢结构焊机用房等的集成，并且创造性地采用"L"形施工工艺，实现了剪力墙和本层大部分楼板同时浇筑，提高了施工时核心筒的稳定性，有效解决了由于水平结构落后竖向结构太多造成的测量困难和人员疏散等问题。采用外爬内顶的模架体系以后将核心筒竖向划分为钢构件吊装焊接区、钢筋绑扎区、混凝土浇筑区、混凝土养护区等，形成三维立体交叉作业。

　　该工程新型轻量化的顶模系统 1 个月即完成安装，创造了国内顶模安装速度之最，国内一般的顶模系统需要 3 个月的安装时间。采用外爬内顶模架体系施工便捷，模架体系顺利地满足了核心筒"九宫格"变化为"六宫格"，再收缩为"三宫格"。施工速度快，核心筒施工速度达到 4d/层。外爬内顶模架体系用钢量少，重量轻，成本低，工程整个模架体系用钢量是 600 ~ 800t，而常规顶模体系需要 1500 ~ 2000t。

7.6　钢柱式提模体系

7.6.1　体系特点

　　整体提升钢平台模板简称提模体系，主要由钢平台系统、支撑系统、提升系统、模板系统、挂架系统、自动控制系统等组成。通过支撑系统以固定在永久结构上的钢立柱为依托提升钢平台系统，为区分于其他提模平台常将其称为钢柱式提模体系，如图 7-8 所示，钢立柱既是支承点也是爬升导轨，以升板机作为动力提升系统，通过钢平台系统提升模板、挂架等系统。改进以后的整体提升钢平台则是在核心筒剪力墙边设置临时钢立柱，通过钢立柱柱顶设置的电动葫芦与绳索提升钢平台，并且带动悬挂在钢平台上的内外挂架和大模板向上同步提升。

由于支撑系统以固定在永久结构上的钢立柱为依托，因此如果超高层核心筒内设计有钢骨柱，则可以利用钢骨柱作为支撑系统中提升机的支架，如果钢骨柱强度、刚度、稳定性达不到要求，可以对钢骨柱进行加强；如果超高层核心筒内没有设计钢骨柱，则可以在核心筒墙体内预先埋设钢立柱，但是钢立柱一次消耗

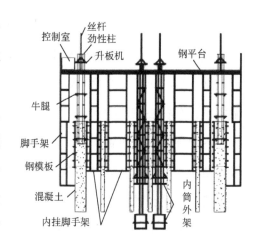

图 7-8　钢柱式提模体系剖面图

不能周转，施工成本较高。改进以后的整体提升钢平台的钢立柱可以周转使用，标准化程度得到一定的提高。通过布料机和固定在平台上的大量串筒将混凝土输送入模。

钢柱式提模体系的优点是：整体稳定性好，整个提模体系是从上往下挂设在永久结构的钢立柱上，抗倾覆能力强，能抵抗较大风压；自动化程度较高，施工速度快，钢筋工程与混凝土施工同步平行施工，并可以提前做好提升准备；平台承载能力较强，与爬模相比其承载能力更强，满足超高层核心筒施工时材料堆放的要求。

钢柱式提模体系的缺点是：提升点位较顶模体系的顶升点位多，不利于同步提升；整个提模体系的荷载通过固定在永久结构上的钢立柱传递给核心筒结构，因此与钢立柱协同工作的混凝土强度也是影响工程进度的一个因素；固定在永久结构上的钢立柱一次消耗不能周转，整个提模体系的周转利用率不是很高；结构变化时需要对平台进行修改，影响工程进度；由于钢骨柱的承载力原因，一般情况下模板系统不随钢平台同步提升，在钢平台提升到位以后通过手动倒链或电动倒链二次提升到位，模板系统提升的劳动强度较大，机械化程度较低。

7.6.2　适用范围

钢柱式提模体系能够满足不同工序的交叉施工，实现立体分段流水施工，适用于高度特别高或工期要求非常紧的超高层建筑，高度越高提模的性能越容易发挥，经济性越好；但是大量钢立柱埋设在永久结构里面，无法周转使用，影响了提模体系的进一步推广使

用。钢柱式提模体系的提升能力比爬模强，比顶模的顶升能力弱。由于钢骨柱的承载力原因，使钢柱式提模体系的推广应用受到一定的影响。

对于采用内筒外框不等高同步攀升施工技术的"巨型框架+核心筒+伸臂桁架""钢框架+核心筒+伸臂桁架""钢框架+核心筒"和"钢结构密柱外筒+核心筒"结构体系的超高层建筑，结构高度在 200m 以上且核心筒采用内置钢骨柱的钢筋混凝土结构适合采用钢柱式提模体系进行核心筒施工。对于核心筒结构原设计没有内置钢骨柱，为了采用提模而专门设置钢骨柱，则施工成本较高。

7.6.3　工程应用

1. 广州新电视塔

广州新电视塔（图 7-9）总高 610m，由高度 454m 的主塔体和高度 156m 的天线桅杆组成。主塔采用"钢结构外框筒+钢筋混凝土核心筒"的筒中筒结构体系，共 87 层。核心筒采用钢骨混凝土剪力墙结构，在核心筒内设置了 14 根钢骨柱，在 428.0m 以下采用 H 型钢柱，428.0 ~448.8m 采用钢管柱。上部结构采用内筒外框不等高同步攀升施工技术，核心筒采用钢柱式提模体系进行施工，将核心筒剪力墙内的 14 根钢骨柱作为钢平台的支撑立柱和导向爬升系统。广州新电视塔核心筒采用钢柱式提模体系和爬架体系组合施工，并采用钢柱式提模体系超升工艺，实现了竖向结构与水平结构的同步施工，提高了核心筒在施工期间的整体稳定性。

图 7-9　广州新电视塔

2. 上海金茂大厦

上海金茂大厦建筑总高度 420.5m，采用"巨型框架+核心筒+伸臂桁架"混合结构体系，内筒是八角形的钢筋混凝土核心筒，外框结构采用了 8 根组合巨型柱。在 24~26 层、51~53 层、85~87 层设置了 3 道巨型伸臂桁架，将钢筋混凝土核心筒与外框的 8 根组合巨型柱连接成整体。上部结构采用不等高同步攀升施工技术，核心筒采用钢柱式提模体系进行施工。由于存在 3 道巨型伸臂桁架，因此采用了分体组合的钢柱式提模体系，整个钢平台设计成 10 个分体，由连杆组成整体。劲性钢构柱预先浇筑在核心筒墙体内，每根劲性钢构柱配置 2 台升板机，升板机沿着劲性钢构柱爬升。钢柱式提模体系提升到巨型桁架处时，将钢平台拆分成 10 个分体，提升越过桁架层以后重新组装成整体再提升。

3. 上海环球金融中心

上海环球金融中心地下 3 层，地上 101 层，建筑高度 492m，采用"巨型框架 + 核心筒 + 伸臂桁架"结构体系，在 28 ~ 31 层、52 ~ 55 层、57 ~ 60 层设置了 3 道巨型伸臂桁架，将核心筒与外框结构连接成整体。核心筒采用钢柱式提模体系进行施工，由于桁架层的核心筒内设置有钢结构桁架杆件，给钢柱式提模体系的钢立柱带来阻挠，通过在核心筒桁架层采用分体组合的钢柱式提模体系并结合传统模板脚手架施工技术，一方面满足了钢结构桁架的安装要求，另一方面解决了钢柱式提模体系在桁架层的提升问题。

广州新电视塔和苏州东方之门应用的是劲性钢柱式提模体系。上海环球金融中心、金茂大厦、南京紫峰大厦应用的是临时钢柱式提模体系。

7.7　钢梁与筒架交替支撑式钢平台

随着提模体系的创新与发展，提模体系逐渐从劲性钢柱式提模体系、临时钢格构柱式提模体系发展到钢梁与筒架交替支撑式整体爬升钢平台模架体系、钢柱与筒架交替支撑式整体提升钢平台模架体系。

7.7.1　体系特点

钢梁与筒架交替支撑式整体爬升钢平台模架体系包括钢平台系统、脚手架系统、筒架支撑系统、钢梁爬升系统和模板系统等，将其简称为钢梁与筒架交替支撑式钢平台，如图 7-10、图 7-11 所示为其剖面图、三维示意图。钢梁与筒架交替

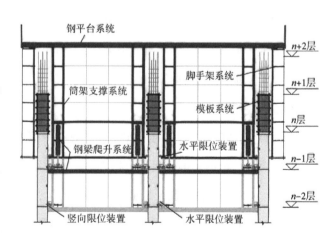

图 7-10　钢梁与筒架交替支撑式钢平台剖面图

支撑式钢平台是以小型液压油缸动力装置作为动力爬升系统，属于下置顶升式整体模架体系。

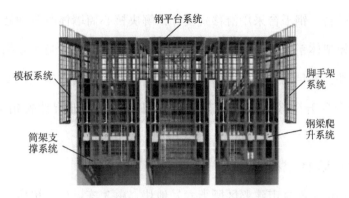

图7-11 钢梁与筒架交替支撑式平台三维示意图

整个模架体系覆盖4层结构高度，能满足内置钢结构与土建结构在上下两个楼层同时施工的条件。正常施工状态下，筒架支撑系统作为钢平台模架体系的支撑系统，并将荷载传递于核心筒剪力墙体，如图7-12所示为筒架支撑结构示意图；模架爬升状态下，爬升钢梁与筒架支撑系统交替支撑，通过动力系统实现整体爬升。

图7-12 筒架支撑结构示意图

7.7.2 适用范围

钢梁与筒架交替支撑式钢平台能满足内置钢结构与土建结构在上下两个楼层同时施工的条件，适合于含有钢板剪力墙、伸臂桁架的核心筒结构的施工。

7.7.3 工程应用

1. 上海中心大厦

上海中心大厦地下5层，地上119层，建筑总高度632m，采用"巨型框架+核心筒+伸臂桁架"混合结构体系，设置了6道两层高的伸臂桁架，外围结构由巨型柱、巨型斜撑、伸臂桁架、环带桁架和框架钢梁构成，核心筒部分采用钢板剪力墙结构，核心筒结构总高度574m。采用不等高同步攀升施工技术，核心筒领先外框结构5~9层，施工后期核心筒领先外框结构 10～15 层，楼板混凝土施工落后于外围钢框架 6～12 层。

13 层以下核心筒结构采用常规支模法施工，14 层以上核心筒结构施工采用钢梁与筒架交替支撑式钢平台。钢平台采用滑移式设计，解决核心筒墙体收分问题。钢梁与筒架交替支撑式钢平台模架体系覆盖 4 层结构高度，能满足内置钢结构与土建结构在上下两个楼层同时施工的条件，满足钢板剪力墙、伸臂桁架的核心筒结构的施工需要。在伸臂桁架层施工时，将钢平台顶升到超过伸臂桁架层，在钢平台下方进行伸臂桁架与土建的安装施工。

2. 金鹰天地广场 T1 塔楼

金鹰天地广场位于南京市建邺区所街六号地块，由 3 栋塔楼、裙房与钢连廊组成，总建筑面积 919211m²。其中 T1 塔楼地上 79 层，结构高度 365.5m，采用"钢框架 + 核心筒 + 伸臂桁架"结构体系。核心筒钢筋混凝土外墙设置了钢骨柱和剪力钢板，外围结构由钢骨柱、钢梁和自承式楼板组成，在 43～44 层设置了 1 道钢结构伸臂桁架。塔楼筒体外围尺寸为 29.6m×25.4m，平面形状呈"九宫格"形。根据 T1 塔楼核心筒结构的特点，施工采用钢梁与筒架交替支撑式整体爬升钢平台，成功克服了钢板剪力墙施工、伸臂桁架层核心筒施工的难点，技术优势明显。

7.8 钢柱与筒架交替支撑式钢平台

7.8.1 体系特点

钢柱与筒架交替支撑式钢平台模架体系包括钢平台系统、脚手架系统、筒架支撑系统、钢柱顶升动力系统和模板系统等，将其简称为钢柱与筒架交替支撑式钢平台，整个模架体系覆盖 3 层结构高度。钢柱与筒架交替支撑式钢平台是以小型液压油缸动力装置作为动力爬升系统，属于上置顶升式整体模架体系。

钢平台模架体系在爬升状态时，工具式钢柱作为钢平台模架体系的支撑系统，并将荷载传递给核心筒剪力墙；提升到位以后的正常使用状态下，筒架支撑系统作为钢平台模架体系的支撑系统，筒架通过钢梁与钢牛腿将荷载传递给核心筒剪力墙。

7.8.2 适用范围

钢柱与筒架交替支撑式钢平台能满足超高层建筑核心筒的施工,通过钢平台空中分体组合的方法,满足巨型桁架层的施工要求并能够顺利穿越巨型桁架层。

7.8.3 工程应用

1. 上海白玉兰广场

上海白玉兰广场工程总建筑面积约 41 万 m²,由高度达到 320m 的办公楼、172m 的酒店和 57.2m 的展馆组成。办公楼地下 4 层、地上 66 层,采用"钢框架 + 核心筒 + 伸臂桁架"框架体系。在 34 ~ 36 层、65 ~ 66 层设置了 2 道巨型伸臂桁架,将钢筋混凝土核心筒与外框架连接成整体。核心筒外墙在高度方面的 4 次收分和 2 道伸臂桁架层给提模体系的施工带来了难度,特别是除了核心筒结构的 4 个角部以外其他部位没有设置钢骨柱,无法利用既有钢骨柱进行提升。

该工程办公楼核心筒施工采用了钢柱与筒架交替支撑式钢平台,以工具式钢柱代替以往的内置一次性钢骨柱,通过筒架油缸套与活塞杆交替提升从而反提升钢柱,使钢柱能够反复使用。钢平台模架体系爬升状态时,工具式钢柱作为钢平台模架体系的支撑系统,并将荷载传递给核心筒剪力墙;提升到位以后的正常使用状态下,筒架支撑系统作为钢平台模架体系的支撑系统,筒架通过钢梁与钢牛腿将荷载传递给核心筒剪力墙。通过钢平台空中分体组合的方法,顺利穿越巨型桁架层,满足结构施工。钢柱与筒架交替支撑式钢平台,保证了工程质量,加快了施工进度,并且经济效益良好。

2. 金鹰天地广场 T2 和 T3 塔楼

金鹰天地广场由 3 幢塔楼、裙房与钢连廊组成,总建筑面积 919211m²,其中 T2 塔楼地上 67 层,建筑高度 328m,T3 塔楼地上 60 层,建筑高度 300m。两座塔楼均采用"钢框架 + 核心筒 + 伸臂桁架"结构体系,核心筒钢筋混凝土外墙设置了钢骨柱和剪力钢板,外围结构由钢骨柱、钢梁和自承式楼板组成。T2 和 T3 塔楼筒体外围尺寸分别为 25.4m × 20.2m 和 26.2m × 17.5m,平面形状呈"四宫格"形。T2、T3 塔楼核心筒施工采用了钢柱与筒架交替支撑式钢平台。

7.9　三种提升钢平台应用情况汇总

广州新电视塔、金茂大厦、上海环球金融中心、上海中心大厦、金鹰天地广场 T1 塔楼、上海白玉兰广场、金鹰天地广场 T2 和 T3 塔楼等工程根据结构体系、结构高度和技术发展等情况分别采用了钢柱式提模体系、钢梁与简架交替支撑式钢平台、钢柱与简架交替支撑式钢平台，表 7-6 明确了各模架体系的特点、适用范围及代表工程。

表 7-6　三种模架体系应用情况

序号	模架体系	模架体系特点	适用范围	代表工程
1	钢柱式提模体系	上置提升式模架体系，升板机作为动力提升系统	高度较低的超高层建筑，核心筒内置钢柱	广州新电视塔、金茂大厦、上海环球金融中心
3	钢梁与简架交替支撑式钢平台	下置顶升式整体模架体系，小型液压油缸动力装置作为动力爬升系统	高度较高，特别适合具有钢板剪力墙与伸臂桁架层的超高层	上海中心大厦、金鹰天地广场 T1 塔楼
4	钢柱与简架交替支撑式钢平台	上置提升式整体模架体系，小型液压油缸动力装置作为动力爬升系统	高度较高，特别适合具有钢板剪力墙与伸臂桁架层的超高层	上海白玉兰广场、金鹰天地广场 T2 和 T3 塔楼

7.10　方案比选

7.10.1　迪凯国际中心

1. 工程概况

迪凯国际中心位于杭州市钱江新城，西侧是华联钱江时代广场。地下 2 层，裙房 4 层，主楼 40 层，其中 14 层、29 层为避难层，屋面高度 165m，建筑面积 80341m²，为办公、商务超高层建筑，如图 7-13 所示为其效果图。塔楼基础采用桩筏基础，结构形式为

图 7-13　迪凯国际商务中心效果图

"钢筋混凝土筒中筒"结构，其外筒为密柱深梁组成的框筒，内筒为剪力墙围合组成的实腹筒。主楼 −2 ~ 4 层的框架柱混凝土强度等级为 C60。

2. 模架选型

根据塔楼"钢筋混凝土筒中筒"的结构形式、结构层数、平面形状、标准层高等特点，决定采用外爬内支内外筒同步施工的方法，外部围护架体采用电动升降整体脚手架，内部结构采用散拼模板施工。从 5 层楼面至屋顶采用外爬内支施工技术，共安装了 28 套爬架提升设备，根据标准层层高 3.60m，架体搭设高度为 3.60 × 4 + 1.8 = 16.20（m），8.5 步架，最大架体跨度 ≤6.15m，最大单元架体面积 99.60m²，最大单元架体自重为 30.85kN（永久荷载）。架体平均跨度为 5.67m，平均单元架体面积 91.85m²，平均单元架体自重为 28.55kN（永久荷载）。架体搭设总面积为 2572.50m²，架体整体自重（永久荷载）为 799.40kN。

3. 防倾覆装置

为确保架体的平稳升降，在提升脚手架上单独设置了防倾覆装置，防倾覆装置是由安装在架体上的导轨及固定在结构上的导轮总成组成，架体在提升过程中，导轮镶嵌在工字形凹槽所形成的导轨中相对移动（图 7-14），保证了架体垂直方向的稳定性。

4. 附着安装

提升机构由提升梁、拉杆、穿墙螺栓等组成。根据结构情况，各提升设备附着点均采用常

图 7-14　爬架导轨

规方式附墙，即预埋塑料套管穿墙螺栓附着，穿墙螺栓垂直方向距楼层板面下 100 ~ 150mm。

7.10.2　兰州红楼时代广场

1. 工程概况

兰州红楼时代广场位于甘肃省兰州市，由主楼和裙房组成。工程地下为 3 层，主楼地上 55 层，裙房地上 12 层，工程总高度 313m，结构高度 266m，建筑面积 13.7 万 m²。地下室结构采用钢骨混凝土结构体系；主楼地上结构采用"钢框架 + 核心筒 + 伸臂桁架"结

构体系，其中外围钢框架采用钢管混凝土柱 + 钢梁，核心筒内置钢骨柱 + 钢骨梁，加强层设置钢结构伸臂桁架和环带桁架。塔楼平面尺寸为 $40.5 \text{m} \times 40.5 \text{m}$，其中核心筒平面尺寸为 $19.5 \text{m} \times 19.5 \text{m}$，核心筒外墙厚度由 1100mm 到 500mm 递减。钢结构总体用钢量为 2 万 t 左右，工程抗震设防烈度为 8 度。

2. 技术分析

根据兰州红楼时代广场"钢框架 + 核心筒 + 伸臂桁架"结构体系和结构层数等特点，决定采用不等高同步攀升施工技术，内筒结构的施工进度领先于外框结构，外框结构紧随内筒结构，形成内筒外框不等高同步攀升的施工工况。根据工程结构体系和结构高度，不适合采用爬架体系，下面主要分析爬模体系与顶模体系哪种体系更适合兰州红楼时代广场工程，具体如下。

（1）主楼 55 层，结构高度 266m，高度在 300m 以内，工期正常，没有压缩工期的特殊要求，根据结构高度、建筑层数、工程工期进行分析，采用爬模体系经济性更好。

（2）核心筒为钢骨混凝土结构，采用钢骨柱 + 钢骨梁 + 钢筋混凝土结构，采用爬模体系能满足施工需要，经济性更好。如果核心筒采用钢板墙 + 钢筋混凝土的钢骨混凝土结构，则更合适采用顶模体系，因为钢板墙的作业量大大高于钢骨柱，而顶模架体跨越 3.5 个标准层，可满足钢板吊装焊接、钢筋绑扎、混凝土浇筑、混凝土养护等不同工序的交叉施工，实现分段流水施工，加快工程进度。

（3）标准层高有 3800mm、5100mm 两种，层高变化较大。核心筒剪力墙共有六种墙体厚度，变化较多。因此，从层高和核心筒剪力墙体的角度来说，更适合采用爬模体系。

（4）工程抗震设防烈度为 8 度，核心筒钢筋含量高，而且核心筒内置钢柱和钢梁，采用内外全爬技术形成内外钢平台，有利于核心筒内的钢骨柱、钢骨梁的吊装、焊接施工，操作更安全，施工速度更快，满足大量钢筋等材料的堆放要求，并且可将混凝土布料机直接安装在爬模体系上，布料机随爬模体系同步爬升。

通过上述分析，决定采用爬模体系进行内外全爬施工。

3. 爬模施工

工程选择北京卓良模板有限公司的爬模体系，外侧爬模架体选用承载能力及抗风较强的 ZPM-100 体系，模板采用木模板体系；内筒电梯井截面尺寸较小，为了使模板架体退模时有足够的空间，选用 ZPM-100 系列的立柱式爬模架体，模板采用钢模板体系。

整个爬模系统共布置 41 个机位，每个机位相对应于一套液压油缸，共计 21 套液压系统和 20 套动力单元系统；配置 2 套泵站和 10 套配电箱。核心筒外侧采用 21 套液压系统和 2 套泵站；内筒采用 20 套动力单元系统和 10 套配电箱。

从 1 层核心筒开始进行爬模预埋件的设置工作，1 层混凝土浇筑完毕后开始安装爬模，首先在 1 层楼面即地下室顶板上进行爬模的拼模工作，拼装完成后通过塔式起重机运输安装到 1 层核心筒体上进行模板施工。1 层核心筒模板拆除后往上应用到 2 层核心筒结构上，2 层混凝土施工完毕后进行架体提升开始正式爬升。

采用三一重工 HGY18 Ⅱ 混凝土布料机，通过与爬模架体上的钢梁进行焊接，将布料机直接安装在爬模平台上，随爬模体系同步爬升。爬模下挂总高度为 20m 的塔梯，核心筒体内布置的施工电梯与下挂塔梯形成核心筒的重要的人员运输通道。

7.11　结论

核心筒采用钢板剪力墙的超高层建筑，其结构高度一般非常高，在核心筒施工时需要形成钢结构吊装焊接、钢筋绑扎、混凝土浇筑、混凝土养护等不同工序的交叉施工，满足这类超高层建筑施工的模架体系有顶模体系、顶模集成平台、外爬内顶组合体系、钢梁与筒架交替支撑式钢平台、钢柱与筒架交替支撑式钢平台等，其相应的代表工程和实施企业见表 7-7。

表 7-7　适用钢板剪力墙核心筒施工的模架体系

序号	模架体系	代表工程	实施企业
1	顶模体系（含低位顶模、凸点顶模）	广州周大福金融中心	中建总公司及其下属企业
2	顶模集成平台	沈阳宝能金融中心	
3	外爬内顶组合体系	南宁华润中心东写字楼	
4	钢梁与筒架交替支撑式钢平台	上海中心大厦	上海建工集团及其下属企业
5	钢柱与筒架交替支撑式钢平台	上海白玉兰广场	

通过对爬架体系、爬模体系、顶模体系、顶模集成平台、爬模与顶模组合体系（外爬内顶）、钢柱式提模体系、钢梁与筒架交替支撑式钢平台、钢柱与筒架交替支撑式钢平台等模架体系的特点、适用范围与工程应用情况进行分析研究，得出超高层建筑根据不同结构体系、结构高度、建筑层数、层高变化、工期要求、场地条件等情况可选择的相应的模

架体系，具体情况见表7-8。

表7-8　各模架体系的适用情况

序号	模架体系	施工方案	适用范围	代表工程
1	爬架体系	整体结构外爬内支	"钢筋混凝土框架＋核心筒""钢筋混凝土筒中筒"结构体系	广西九洲国际大厦
2	爬模体系	核心筒外爬内支	"钢柱混凝土框架＋核心筒""钢框架＋核心筒""钢柱混凝土框架＋核心筒＋伸臂桁架"结构体系，内筒标准层多	长沙世茂广场
		核心筒内外全爬	"钢柱混凝土框架＋核心筒""钢框架＋核心筒""钢柱混凝土框架＋核心筒＋伸臂桁架"结构体系，内筒空间大	望京SOHO中心T3塔楼
		巨型钢骨柱外爬	巨型钢骨柱断面尺寸越大越适合	深圳平安金融中心
3	顶模体系	核心筒低位顶模	结构高度400m以上，核心筒内筒较大	广州周大福金融中心
4	顶模集成平台	核心筒以凸点顶楼为基础形成集成平台	核心筒外墙承载力较强，优先适用于结构高度400m以上"巨型框架＋钢板剪力墙核心筒＋伸臂桁架"结构体系	中国尊、沈阳宝能金融中心
5	爬模与顶模组合体系	核心筒外爬内顶	结构高度300m以上，核心筒变化大或内筒较小	南宁华润中心东写字楼
6	钢柱式提模体系	核心筒采用钢柱式提模体系	结构高度200m以上，核心筒内置钢柱的超高层优先使用	上海金茂大厦
7	钢梁与筒架交替支撑式钢平台	核心筒采用钢梁与筒架交替支撑式钢平台	结构高度300m以上，优先适用于的"巨型框架＋钢板剪力墙核心筒＋伸臂桁架"结构体系的超高层	上海中心大厦
8	钢柱与筒架交替支撑式钢平台	核心筒采用钢柱与筒架交替支撑式钢平台	结构高度300m以上，优先适用于的"巨型框架＋钢板剪力墙核心筒＋伸臂桁架"结构体系的超高层	上海白玉兰广场

（1）"钢筋混凝土框架＋核心筒""钢筋混凝土筒中筒"结构体系的超高层建筑采用外爬内支进行结构施工，塔楼的外部围护架体适合采用爬架。此类超高层的高度一般控制在250m以内，采用爬架进行外爬内支进行施工的经济性较好。

（2）"钢柱混凝土框架＋核心筒""钢框架＋核心筒""钢柱混凝土框架＋核心筒＋伸臂桁架"结构体系的超高层建筑适合采用不等高同步攀升施工技术，核心筒适合采用爬模体系。此类超高层的结构高度一般在 400m 以内，在没有赶工要求的情况下采用爬模体系进行施工的经济性较好。

（3）"巨型框架 + 钢板剪力墙核心筒 + 伸臂桁架"结构体系的超高层建筑适合采用不等高同步攀升施工技术。此类超高层的结构高度一般在 300m 以上，核心筒施工适合采用顶模体系。顶模架体跨越 3.5 个标准层，满足钢板吊装焊接、钢筋绑扎、混凝土浇筑、混凝土养护等的立体施工要求，能加快施工进度，结构高度越高顶模优势越能发挥。

（4）采用"巨型框架 + 钢板剪力墙核心筒 + 伸臂桁架"结构体系的超高层，当结构高度超过 400m 时适合采用顶模集成平台。

（5）对采用内筒外框不等高同步攀升施工技术且结构高度在 300m 以上的超高层建筑其核心筒适合采用外爬内顶模架体系。对于结构高度很高且核心筒平面尺寸变化次数多、变化量大的超高层建筑，更适合采用该模架体系；对于结构高度非常高而核心筒较小时，适合采用外爬内顶模架体系。

（6）"巨型框架 + 核心筒 + 伸臂桁架"结构体系的超高层建筑中的外框巨型框架柱采用钢骨混凝土柱时，一方面柱体为实心体结构，另一方面高度通常在 300m 以上，甚至达到 500m、600m，外框巨型框架柱在结构施工时适合采用液压爬模。

（7）"巨型框架 + 核心筒 + 伸臂桁架""钢框架 + 核心筒 + 伸臂桁架""钢框架 + 核心筒"和"钢结构密柱外筒 + 核心筒"结构体系的超高层建筑适合采用内筒外框不等高同步攀升施工技术，结构高度在 200m 以上且核心筒采用内置钢骨柱的钢筋混凝土结构时适合采用提模体系进行核心筒施工，但是钢立柱加固成本较高时要慎重考虑。

（8）采用"巨型框架 + 钢板剪力墙核心筒 + 伸臂桁架"结构体系的超高层，其结构高度一般非常高，适合采用钢梁与筒架交替支撑式钢平台、钢柱与筒架交替支撑式钢平台。

第8章

超高层建筑施工流水节拍控制技术

随着经济发展和科学技术的不断进步，超高层建筑得到长足发展，目前超高层建筑的高度已经突破 800m，正向 1000m 进发，结构体系得到同步创新与发展。我国的超高层具有超高超大、功能复杂、造型独特的特点，不但其规模和复杂程度在国际上少见，而且许多建筑已经突破了我国现行相关技术标准的要求，随着超高层建筑的迅速发展，对于施工技术和施工组织管理的要求越来越高，给工程技术人员带来了很大的挑战。

8.1　超高层建筑结构体系相应的施工方法

根据超高层建筑结构体系、结构高度等特点，实际施工时可采用内筒外框同步整体施工技术或不等高同步攀升施工技术，各类结构体系的超高层建筑适宜的施工方法见表 8-1。

表 8-1　各类结构体系的超高层建筑适宜的施工方法汇总

序号	结构体系	施工方法	模架体系	备注
1	巨型框架＋核心筒＋伸臂桁架	内筒外框不等高同步攀升施工技术	顶模或爬模体系	优先采用顶模
2	钢框架＋核心筒＋伸臂桁架	内筒外框不等高同步攀升施工技术	爬模或顶模体系	结构高度400m以内时爬模经济性较好
3	钢框架＋核心筒	内筒外框不等高同步攀升施工技术	爬模或顶模体系	
4	钢结构密柱外筒＋核心筒	内筒外框不等高同步攀升施工技术	爬模或顶模体系	
5	钢柱混凝土框架＋核心筒	整体结构外爬内支同步施工技术	爬架体系	结合铝合金模板早拆体系效果更佳
6	钢筋混凝土框架＋核心筒	整体结构外爬内支同步施工技术	爬架体系	
7	钢筋混凝土筒中筒	整体结构外爬内支同步施工技术	爬架体系	

8.2　整体结构外爬内支同步施工技术

"钢柱混凝土框架＋核心筒""钢筋混凝土框架＋核心筒""钢筋混凝土筒中筒"结构

体系的超高层建筑，适合采用整体结构外爬内支同步施工技术，塔楼外部采用爬架作为围护架体，塔楼内部的梁板柱墙等结构采用普通模板施工，采用铝合金模板早拆体系进行施工效果更佳，爬架体系融合铝合金模板早拆体系进行整体施工的优势得到有效发挥，应用范围不断扩大。采用外爬内支施工技术，避免在外框结构与核心筒相邻处留设施工缝，提高了超高层结构的整体性，避免了核心筒单独先行施工的稳定性问题。采用爬架体系结合铝合金模板早拆体系的整体结构外爬内支施工技术，外部爬架自行爬升，内部铝模板逐层往上传递，施工快捷，大大减轻了塔式起重机的垂直运输压力，对塔式起重机的依赖程度低。"钢筋混凝土框架 + 核心筒"和"钢筋混凝土筒中筒"结构体系的超高层建筑由于自身结构特点和经济因素，其高度一般控制在 250m 以内，采用"钢柱混凝土框架 + 核心筒"结构体系的超高层建筑其高度可超过 300m，如建筑高度达到 317.6m 的广西九洲国际大厦，因此对此类建筑采用爬架体系结合铝合金模板早拆体系的经济效益较好。

广西九洲国际大厦地下 6 层，塔楼地上 71 层，裙房 9 层，建筑高度达到 317.6m，塔楼采用"钢管柱混凝土框架 + 钢筋混凝土核心筒"结构体系，外框柱为钢管柱，外框梁为钢筋混凝土梁，楼板也为钢筋混凝土结构。上部结构采用整体结构外爬内支同步施工技术，内筒与外框间不留设水平施工缝。通过对铝合金散拼模板、组合钢模板、全钢大模板、重型钢框胶合板模板、轻型钢框胶合板模板、普通胶合模板等在模板周转次数、施工难度、施工效率、维护费用、混凝土成型质量、回收价值、对吊装机械的依赖等多个方面进行比较，并结合结构特点决定采用爬架配合铝合金模板体系进行施工，支撑采用早拆可调式支撑。采用铝合金模板早拆体系进行施工，可以最大限度地提高模板和支撑系统周转材料及劳动力设备等资源的利用效率，提高本工程混凝土结构的实测质量和观感质量。采用爬架进行施工防护能够提高机械化程度、加快施工进度、保障施工安全。施工现场配置 1 套模板主系统、3 套支撑体系、6 套悬挑结构底支撑体系。散拼铝合金模板逐层通过施工洞口上递，而且爬架安装完毕后自动爬升，结构施工时减少了对塔式起重机的依赖，施工速度快，效率高，混凝土结构的实测质量和观感质量良好，经济性较好。铝合金模板有利于环保，节约木材，保护树林，可多次再利用，符合国家节能减排政策，且铝模具有自重轻、承载力高、维护费用低、施工效率高、混凝土表面质量好、周转次数多等特点，在标准层较多的超高层建筑中应用时其经济性更好，是值得推广的一种模板体系。华远金外滩三期工程建筑高度达到 238m，主楼采用"钢筋混凝土框架 + 核心筒"结构体系，采用整体结构外爬内支同步施工技术，外围爬架结合散拼模板进行结构施工。

8.3　内筒外框不等高同步攀升施工技术

8.3.1　内筒外框不等高同步攀升施工技术特点

内筒外框不等高同步攀升施工技术的总体施工顺序为：内筒先行，外框紧跟，水平结构随后展开，然后形成各部位结构同步施工的流水节奏，科学安排内筒和外框垂直交叉施工、合理均衡各流水节奏是控制内筒外框结构施工进度的关键。

对于"巨型框架＋核心筒＋伸臂桁架""钢框架＋核心筒＋伸臂桁架""钢框架＋核心筒"和"钢结构密柱外筒＋核心筒"结构体系的超高层建筑，适合采用内筒外框不等高同步攀升施工技术。对于"巨型框架＋核心筒＋伸臂桁架"结构体系的工程来说，内筒竖向结构先行，核心筒施工领先于外框结构；外框结构中巨柱最先展开施工，然后施工普通钢柱，接着施工钢梁，最后施工外框的组合楼板与内筒的水平结构。"钢框架＋核心筒＋伸臂桁架""钢框架＋核心筒"和"钢结构密柱外筒＋核心筒"结构体系的超高层建筑的施工顺序与"巨型框架＋核心筒＋伸臂桁架"结构体系的超高层建筑基本类似。

"巨型框架＋核心筒＋伸臂桁架""钢框架＋核心筒＋伸臂桁架""钢框架＋核心筒"和"钢结构密柱外筒＋核心筒"结构体系的超高层建筑采用爬模体系进行施工时，根据核心筒结构情况，可将核心筒施工分为外爬内支施工和内外全爬施工。采用外爬内支施工技术时，核心筒外墙外侧采用液压爬模，外墙内侧、内墙和梁板水平结构采用铝合金模板，核心筒竖向结构与水平结构同步整体现浇，避免了核心筒竖向结构和水平结构的接缝处理，提高核心筒的整体性和稳定性。

"巨型框架＋核心筒＋伸臂桁架""钢框架＋核心筒＋伸臂桁架""钢框架＋核心筒"和"钢结构密柱外筒＋核心筒"结构体系的超高层建筑采用顶模施工或爬模内外全爬施工时，核心筒水平结构与外框水平结构的混凝土可以同时施工，也可以分开施工。内筒外框水平结构同时施工的优势是：有利于提高内筒与外框水平结构的整体性，并且有利于内筒结构的测量放线与混凝土泵管拆装，提高工效，降低成本。内筒外框水平结构分开施工的优势是：核心筒内的水平结构紧跟竖向结构展开施工，有利于提高核心筒的整体稳定性，可加大核心筒领先外框结构的施工层数，利用爬模与顶模体系下挂的辅助吊装设备时可以提高内筒梁板水平结构的施工效率。

　　表 8-2 为核心筒采用爬模体系进行外爬内支、内外全爬和顶模体系等 3 种模架体系进行内筒外框不等高同步攀升施工时混凝土一般采用的施工方法和采用核模架体系的优点。

表 8-2　内筒外框不等高同步攀升施工情况

序号	核心筒模架体系	混凝土施工	优点
1	爬模体系，外爬内支	核心筒竖向和水平结构可同步整体现浇	施工阶段核心筒的整体性和稳定性好
2	爬模体系，内外全爬	核心筒水平结构与外框水平结构同时施工	内筒与外框水平结构整体性好，便于施工
3	顶模体系	核心筒水平结构与外框水平结构分开施工	提高核心筒的整体稳定性，加大核心筒领先步距

8.3.2　天津高银 117 大厦不等高同步攀升施工技术

　　天津高银 117 大厦工程地上 117 层，结构高度 596.2m，采用"巨型框架 + 钢板剪力墙核心筒 + 伸臂桁架"结构体系，核心筒为钢板混凝土剪力墙结构/钢骨混凝土剪力墙结构。工程采用内筒外框不等高同步攀升施工技术，施工进度控制的思路是：整个工程的进度控制中钢结构是进度控制的重点，土建配合钢结构进行施工；钢结构的进度控制中外框钢结构的进度控制是重点，外框钢结构的施工任务中巨型柱和巨型桁架的施工进度是整个外筒结构的施工重点。

　　天津高银 117 大厦核心筒采用少支点低位顶升钢平台模架体系（即顶模）进行结构施工，顶模架体跨越了 3.5 个标准层。核心筒外侧筒体上布置了 2 台 ZSL270 和 2 台 ZSL1280 动臂塔式起重机，核心筒内设置 1 台直达顶模平台的双笼电梯，外筒和通道塔上设置其余的施工电梯。采用顶模体系后将核心筒竖向划分为钢板吊装焊接区、钢筋绑扎区、混凝土浇筑区、混凝土养护区等 4 个区，在平面上形成钢结构区、土建区，各区独立施工，形成三维立体交叉作业。根据结构特点、顶模情况、塔式起重机和电梯布置的特点，内筒外框不等高同步攀升施工的流水节拍为：核心筒领先外框 10 ~ 15 层，巨型柱领先水平钢梁 3 ~ 5 层，钢梁领先压型钢板 3 层；压型钢板领先外框水平楼板 3 层。巨型柱吊装焊接施工 4d 完成 1 节，巨型柱与内筒结构施工同步；巨型桁架层吊装焊接施工 25d 完成 1 道，其中下桁架吊装施工 5d 完成 1 层，上桁架吊装施工 4d 完成 1 层，桁架焊接进行穿插施工。5~37 层的钢板剪力墙核心筒按 5d/层施工，其他钢骨柱剪力墙核心筒按 4d/层施工。核心筒结构每上 4 层顶模体系顶升 1 次，塔式起重机同步爬升 1 次。

采用 ANSYS 有限元软件进行核心筒非线性稳定性分析，对不同施工情况下的不等高同步攀升施工流水节拍进行研究，以确定不等高同步攀升的最大步距，通过分析确定第 1 阶段核心筒领先外框结构施工高度控制在 125m 以内；第 2 阶段核心筒领先外框架控制在 90m 以内，核心筒领先外框楼板控制在 115m 以内；第 3 阶段核心筒领先外框架控制在 75m 以内，核心筒领先外框楼板控制在 100m 以内。

8.3.3　其他工程不等高同步攀升施工技术

1. 上海中心大厦（图 8-1）

上海中心大厦地下 5 层，地上 119 层，建筑总高度 632m，采用"巨型框架 + 核心筒 + 伸臂桁架"混合结构体系，设置了 6 道两层高的伸臂桁架。采用不等高同步攀升施工技术，核心筒领先外框结构 5~9 层，施工后期核心筒领先外框结构 10~15 层，楼板混凝土施工落后于外围钢框架 6~12 层。伸臂桁架在施工时斜腹杆采用临时固定，上一层伸臂桁架完成后再将下一层伸臂桁架的腹杆最终固定。

2. 深圳平安金融中心

深圳平安金融中心地下 5 层，地上 118 层，建筑总高度 592.5m，采用"巨型框架 + 核心筒 + 伸臂桁架"混合结构体系，设置了 6 道 2~3 层高的伸臂桁架。采用不等高同步攀升施工技术，伸臂桁架最终固定确定在主体结构完工以后。核心筒塔式起重机每隔 20~22m 爬升 1 次，共计爬升 27 次。

3. 广州周大福金融中心

广州周大福金融中心又名广州东塔，地下 5 层，地

图 8-1　施工中的上海中心大厦

上111层，建筑高度530m，采用"巨型框架 + 钢板剪力墙核心筒 + 伸臂桁架"结构体系，竖向共设置了6道环状桁架、4道伸臂桁架，核心筒为钢板混凝土剪力墙结构，采用不等高同步攀升施工技术，核心筒领先外框结构保持在6~10层。通过施工模拟计算，核心筒最多领先外框钢结构梁15层，核心筒竖向结构最多领先内筒水平结构17层，核心筒竖向结构最多领先外框楼板19层。

4. 华润大厦

华润大厦地下4层，地上66层，建筑高度400m，结构体系为"钢结构密柱外筒 + 核心筒"形成的"筒中筒"体系，采用不等高同步攀升施工技术，核心筒领先外框结构10~15层，外框钢柱、水平钢梁领先压型钢板3层，压型钢板领先外框楼板混凝土4层。

5. 大连国贸大厦

大连国贸大厦地下7层，地上85层，建筑高度为370.15m，采用"巨型框架 + 核心筒 + 伸臂桁架"混合结构体系，设置了5道伸臂桁架，分别位于8层、24层、40层、56层、72层。采用不等高同步攀升施工技术，核心筒领先外框结构6层，楼板混凝土施工落后于外围钢框架5层。桁架层封闭做法与上海中心大厦类同，封闭时间为：施工到4区桁架层时，封闭2区桁架层；施工5区桁架层时，封闭3区桁架层；施工6区桁架层时，封闭4区、5区桁架层。

6. 京基100金融中心

京基100金融中心地下4层，地上100层，建筑高度为441.8m，采用"巨型框架 + 核心筒 + 伸臂桁架"结构体系，按不等高同步攀升施工技术进行施工。

7. 广州国际金融中心

广州国际金融中心又名广州西塔，地下5层，地上103层，建筑高度为440.75m，采用"钢结构密柱外筒 + 核心筒"形成的"筒中筒"结构体系，钢结构密柱外筒是由巨型斜交钢管混凝土柱和水平环梁组成的空间网格结构框架筒，核心筒是混凝土结构的实腹筒。结构施工采用不等高同步攀升技术，核心筒采用提模施工技术，核心筒领先外框筒40m左右。

8. 上海环球金融中心

上海环球金融中心地下3层，地上101层，建筑高度492m，采用"巨型框架 + 核心筒 + 伸臂桁架"结构体系，在28~31层、52~55层、57~60层设置了3道巨型伸臂桁架，将核心筒与外框结构连接成整体。采用不等高同步攀升施工技术，核心筒采用提模体系进行施工。

9. 越秀金融大厦

越秀金融大厦地下 4 层, 地上 68 层, 建筑高度为 309.4m, 采用 "巨型框架 + 核心筒 + 伸臂桁架" 混合结构体系, 沿南北两侧设置了 3 道伸臂桁架, 每道伸臂桁架占据两个标准层, 分别位于 16 层与 17 层、34 层与 35 层、53 层与 54 层。上部结构采用不等高同步攀升施工技术, 核心筒领先外框结构 8 层, 楼板混凝土落后于外围钢框架 4 层。

10. 徐家汇中心虹桥路地块 T1 塔楼

徐家汇中心虹桥路地块 T1 塔楼工程地下 5 层, 地上 70 层, 建筑总高度为 370m, 采用 "巨型框架 + 核心筒 + 伸臂桁架" 混合结构体系, 上部结构采用不等高同步攀升施工技术。

11. 南京紫峰大厦

南京紫峰大厦地上 89 层, 建筑总高度 450m, 采用 "钢框架 + 核心筒 + 伸臂桁架" 混合结构体系, 在加强层设置有环带桁架, 上部结构采用不等高同步攀升施工技术。

表 8-3 为天津高银 117 大厦等 12 个工程采用内筒外框不等高同步攀升技术进行施工的情况汇总。

表 8-3　内筒外框不等高同步攀升施工情况汇总

序号	工程名称	建筑高度/m	结构体系	施工情况
1	天津高银 117 大厦	596.6	巨型框架 + 核心筒 + 伸臂桁架 + 环形桁架	内筒领先外框 10 ~ 15 层
2	上海中心大厦	632	巨型框架 + 核心筒 + 伸臂桁架 + 环形桁架	前期内筒领先外框 5 ~ 9 层, 后期领先 10 ~ 15 层
3	深圳平安金融中心	592.5	巨型框架 + 核心筒 + 伸臂桁架	
4	广州周大福金融中心	530	巨型框架 + 核心筒 + 伸臂桁架	内筒领先外框 6 ~ 10 层
5	华润深圳湾国际商业中心	400	钢结构密柱外筒 + 核心筒	内筒领先外框 10 ~ 15 层
6	大连国贸大厦	370	巨型框架 + 核心筒 + 伸臂桁架	内筒领先外框 6 层
7	京基 100 金融中心	441.8	巨型框架 + 核心筒 + 伸臂桁架	
8	广州国际金融中心	440.75	钢结构密柱外筒 + 核心筒	内筒领先外框筒 40m
9	上海环球金融中心	492	巨型框架 + 核心筒 + 伸臂桁架	
10	越秀金融大厦	309	巨型框架 + 核心筒 + 伸臂桁架	内筒领先外框 8 层
11	徐家汇中心虹桥路地块 T1 塔楼	370	巨型框架 + 核心筒 + 伸臂桁架	
12	南京紫峰大厦	450	钢框架 + 核心筒 + 伸臂桁架	模拟分析时按内筒领先外框 6 层

8.4　内筒外框结构变形差控制技术

8.4.1　超高层建筑竖向变形的特点

超高层建筑在施工过程中由于材料、荷载等原因，竖向构件会产生竖向变形与变形差，变形差过大时会导致水平构件产生附加应力、伸臂桁架拉压杆变形、竖向荷载应力重分布等一系列问题，一般情况下超高层的结构高度越高、施工荷载越大，核心筒结构与外围框架结构的变形越大。《高层建筑混凝土结构技术规程》（JGJ3）规定，高度超过150m的超高层建筑在进行重力荷载作用效应分析时，应考虑施工对柱、墙、斜撑等主要受力构件轴向变形的影响；并提出应充分考虑施工原因造成的各种结构变形差，采取可靠的施工技术措施减小变形对结构构件的影响。《高层建筑钢—混凝土混合结构设计规程》要求考虑混凝土收缩徐变对超高层建筑竖向变形的影响，以及内筒外框在竖向重力荷载作用下造成的差异弹性变形。因此，需要充分考虑超高层建筑的内筒外框在重力荷载作用下由竖向弹性变形和混凝土的收缩徐变造成的变形和变形差，采取有效应对措施，确保结构安全。

混凝土的弹性变形在混凝土早期龄期内急剧变化，达到设计强度值后逐渐趋于稳定，而混凝土的收缩徐变在整个结构的生命周期内均有所发展，对于超高层建筑的竖向变形影响较大。通过施工全过程模拟分析，根据施工过程中各竖向构件的变形情况采取有效的控制措施，必要时可进行加固。在建立模型时，一般要计入弹性变形、收缩和徐变，必要时计入温度因素，而对基础沉降因素考虑较少，一般认为基础是完全刚性。实际施工时可以通过合理安排内筒外框的施工节奏、优化伸臂桁架最终固定时间以及采取施工找平、标高补偿等措施，减小内筒外框变形差及变形差带来的不利影响。

8.4.2　超高层建筑竖向变形分析

超高层建筑的竖向变形主要由重力荷载作用下的弹性压缩变形和混凝土收缩徐变产生的非弹性变形组成，当竖向变形差过大时会产生一系列的问题，不少学者对该问题进行了研究。对工程采用有限元软件根据内筒外框不等高同步攀升施工的工况进行施工全过程模拟分析，如图 8-2 所示为按不等高同步攀升施工工况进行有限元加载的示意图，具体模拟分析时要根据核心筒领先外框架层数、外框架领先混凝土楼板层数、外框混凝土楼板领先幕墙层数、模架体系等施工荷载分阶段加载情况、内筒外框结构材质、施工工期和结构楼层层间找平等情况进行。

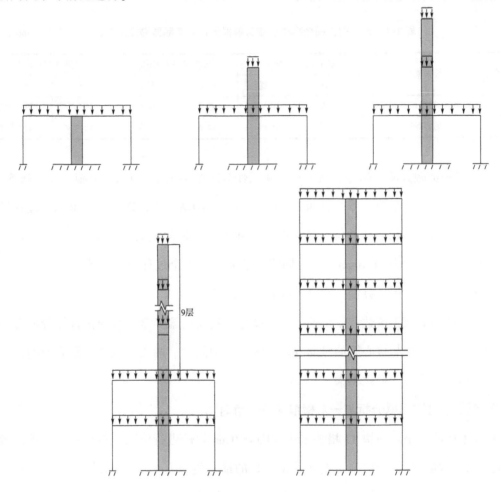

图 8-2 按不等高同步攀升施工工况进行有限元加载的示意

1. 施工模拟分析与实际监测变形对比

（1）天津周大福金融中心 天津周大福金融中心地下 5 层，地上 100 层，建筑总高度 530m，采用"巨型框架 + 核心筒 + 伸臂桁架"混合结构体系，设置了 3 道环状桁架。采用不等高同步攀升施工技术。通过施工全过程模拟分析，天津周大福金融中心外框柱竖向变形最大值为 65.7mm，最大值发生在 46 层；核心筒剪力墙竖向变形最大值 49.8mm，最大值发生在 49 层；外框柱与核心筒的最大竖向变形差为 17.4mm，发生在结构中部部位；外框柱之间的最大变形差为 3.7mm。通过现场实际监测，天津周大福金融中心外框柱竖向变形最大值为 59.6mm，最大值发生在 41 层；核心筒剪力墙竖向变形最大值 46.4mm，最大值发生在 45 层；外框柱与核心筒的最大竖向变形差为 14.7mm，发生在结构中部部位；外框柱之间的最大变形差大约为 3.4mm。天津周大福金融中心施工全过程模拟计算分析得出的数据与现场实际监测得到的数据基本吻合（表 8-4）。

表 8-4　天津周大福金融中心施工模拟分析与实际监测变形对比　　　　（单位：mm）

序号	数据来源	核心筒变形峰值		外框柱变形峰值		内筒外框变形差	
		峰值	位置	峰值	位置	峰值	位置
1	施工全过程模拟计算分析	49.8	49 层	65.7	46 层	17.4	结构中部
2	现场实际监测	46.4	45 层	59.6	41 层	14.7	结构中部

（2）越秀金融大厦　越秀金融大厦以 4 层作为一个施工步，共 21 个施工步，按 5 天/层的施工步计算，每个施工步的时间为 20 天。采用 MIDAS/Gen 软件进行施工全过程模拟分析，考虑结构找平和标高补偿，结构施工期间外框巨柱的最大竖向变形为 54.5mm，核心筒的最大竖向变形为 51.6mm。将现场监测结果与施工全过程模拟计算进行对比分析发现，实际监测值与模拟计算值的吻合情况较好，误差较小。

核心筒的超前施工层数、结构的施工速度等对超高层施工全过程模拟计算分析有一定的影响，但是外框柱与核心筒的竖向变形曲线均呈中间大、两头小的规律没有影响，外框柱与核心筒的峰值位置变化不大。

2. 施工全过程模拟分析与一次模拟加载分析对比

徐家汇中心虹桥路地块 T1 塔楼采用 MIDAS/Gen 软件进行施工全过程模拟分析，考虑结构找平、标高补偿，结构施工期间外框巨柱的最大竖向变形为 73.4mm，核心筒的最大竖向变形为 56.8mm，最大值均位于结构中部。传统的一次模拟加载，不考虑施工找平、标高补偿时，结构施工期间外框巨柱的最大竖向变形为 159.4mm，核心筒的最大竖向变形为 141.0mm，最大值均位于结构顶部（表 8-5）。

表 8-5　徐家汇中心虹桥路地块 T1 塔楼施工模拟对比　　　　（单位：mm）

序号	施工模拟分析	核心筒变形		外框柱变形	
		峰值	位置	峰值	位置
1	施工全过程模拟分析	56.8	结构中部	73.4	结构中部
2	一次加载施工模拟分析	141.0	结构顶部	159.4	结构顶部

有研究通过广州新城西塔（432m）、深圳京基中心（441.8m）、上海环球金融中心（492m）等3个工程对施工竖向变形规律及预变形控制进行分析，通过模拟计算得出：对于超高层建筑未考虑施工找平时，结构最大竖向位移发生在结构顶层；考虑施工找平时，竖向位移呈现"中间大，两头小"的规律，最大竖向位移发生在结构中部。

3. 施工全过程模拟分析对比

（1）上海中心大厦 上海中心大厦根据施工进度计划采用MIDAS/Gen软件进行施工模拟分析，考虑结构找平、标高补偿，结构施工期间外框巨柱的最大竖向变形为56.75mm，核心筒的最大竖向变形为68.72mm，现场实际监测的竖向变形值与模拟计算值基本吻合。伸臂桁架在施工时斜腹杆采用临时固定，上一层伸臂桁架完成后再将下一层伸臂桁架的腹杆最终固定。

（2）深圳平安金融中心 深圳平安金融中心采用SAP2000软件进行施工期间的竖向变形模拟分析，考虑结构找平、标高补偿，结构施工期间外框巨柱的最大竖向变形为87mm，发生在64层的巨柱，核心筒的最大竖向变形为103mm，发生在59层的核心筒。伸臂桁架在主体结构完工以后进行最终固定。

（3）华润大厦 华润大厦采用MIDAS/Gen软件进行施工模拟分析，考虑结构找平和标高补偿，外框柱的最大竖向变形值约为39.0mm，核心筒的最大竖向变形值约为56.5mm，最大值均位于结构中部。

（4）大连国贸大厦 大连国贸大厦通过模拟计算，考虑结构找平和标高补偿，结构施工期间外框巨柱的最大竖向变形为22.28mm，核心筒的最大竖向变形为37.26mm。桁架层封闭做法与上海中心大厦类同，封闭时间为：施工到4区桁架层时，封闭2区桁架层；施工5区桁架层时，封闭3区桁架层；施工6区桁架层时，封闭4区、5区桁架层。

（5）京基100金融中心 京基100金融中心根据实际施工进度计划采用ANSYS软件进行施工模拟分析，考虑结构找平和标高补偿，结构施工期间外框巨柱的最大竖向变形为69.5mm，核心筒的最大竖向变形为81.1mm，最大值均位于结构中部。

（6）广州国际金融中心 广州国际金融中心对施工全过程采用有限元软件ANSYS进行模拟分析，依据施工计划将整个施工过程划分为19个施工步，考虑结构找平和标高补偿，外框柱的最大竖向变形为69.6mm，核心筒的最大竖向变形为87mm，最大值均位于结构中部。

（7）上海环球金融中心 上海环球金融中心通过施工全过程仿真模拟计算，考虑结构找平和标高补偿，外框柱的最大竖向变形为66.6mm，核心筒的最大竖向变形为81.7mm，最大值均位于结构中部。

（8）南京紫峰大厦　南京紫峰大厦进行施工全过程模拟分析，分析时施工速度按5d/层，核心筒领先外框柱6层。结构封顶6个月时，外框柱竖向变形最大值约80mm，核心筒剪力墙竖向变形最大值约70mm，最大值均发生在结构中部；外框柱与核心筒的最大竖向变形差大约为12mm，发生在结构中部偏上的部位。

对越秀金融大厦等10个超高层建筑的竖向变形进行分析，建筑高度从309.4m到660m，其中1个工程采用"钢框架+核心筒+伸臂桁架"结构，2个工程采用"筒中筒"结构体系，7个工程采用巨型结构体系，竖向变形情况汇总见表8-6。

表8-6　典型超高层建筑外框柱、核心筒竖向变形峰值　　　　（单位：mm）

序号	工程名称	建筑高度/m	结构类型	竖向变形峰值		备注
				外框柱	核心筒	
1	越秀金融大厦	309.4	巨型框架+核心筒+伸臂桁架	54.5	51.6	核心筒变形小于外框柱
2	徐家汇中心虹桥路地块	370	巨型框架+核心筒+伸臂桁架	73.4	56.8	
3	南京紫峰大厦	450	钢框架+核心筒+伸臂桁架	80	70	
4	大连国贸大厦	370.2	巨型框架+核心筒+伸臂桁架	22.28	37.26	核心筒变形大于外框柱
5	华润大厦	400	钢结构密柱外筒+核心筒	39.0	56.5	
6	京基100金融中心	441.8	巨型框架+核心筒+伸臂桁架	69.5	81.1	
7	广州国际金融中心	440.75	钢结构密柱外筒+核心筒	69.6	87.0	
8	上海环球金融中心	492	巨型框架+核心筒+伸臂桁架	66.6	81.7	
9	上海中心大厦	632	巨型框架+核心筒+伸臂桁架	56.75	68.72	
10	深圳平安金融中心	592.5	巨型框架+核心筒+伸臂桁架	87	103	

对10个超高层建筑进行施工全过程模拟分析，考虑施工找平和标高补偿，其模拟分析结果见表8-6，表8-6中前3个工程的核心筒竖向变形小于外框柱，后7个工程的核心筒竖向变形大于外框柱。竖向变形的大小与模型建立、外框巨柱含钢量、施工步骤划分、核心筒领先层数、施工速度、混凝土假定具有强度时间等因素有关。有不同的专家对同一个工程进行了施工全过程模拟分析，如对深圳京基金融中心采用ANSYS软件进行施工全过程模拟计算，分析对比了不同因素对竖向变形的影响，模拟结果表明，核心筒最大变形

为 103mm，巨型柱最大变形为 87mm，最大值均出现在结构中部，虽然由于建模考虑的参数不同导致结果与表 8-6 中的数值有所差异，但是外框柱与核心筒的竖向变形规律没有变化，核心筒变形大于外框柱的结果没有变。

通过施工全过程模拟分析并结合部分工程的变形监测数据可以表明：

（1）采用施工全过程模拟分析的结果与现场实际施工的监测结果比较接近，而传统的一次模拟加载的结果与现场实际施工的监测结果相差甚大。

（2）在超高层建筑中，特别是高度高、层数多的超高层建筑，其竖向变形和内筒外框的变形差较大，在施工时必须引起重视，应采取相应的施工技术措施。

（3）外框柱与核心筒的竖向变形呈现"中间大，两头小"的规律，即外框柱和核心筒的最大竖向变形均出现在中间层，往下楼层与往上楼层的变形逐渐缩小，外框柱和核心筒的最大竖向变形总体差距不大，外框结构各柱间的差异变形很小。

（4）在大部分超高层建筑中，核心筒竖向变形大于外框柱，在这类工程中核心筒适当地超前施工有助于减小内筒外框的竖向变形差，核心筒超前施工层数越多内筒外框竖向变形差越小，这是由于核心筒超前施工层数越多，外框架施工到该楼层需要的时间越长，核心筒的收缩徐变越充分。

（5）伸臂桁架的最终固定时间越晚，结构变形越充分，桁架固定后产生的附加应力越小。

8.5　方案比选

8.5.1　工程概况

兰州红楼时代广场位于甘肃省兰州市闹市区，是兰州市的标志性建筑，建筑面积为 13.7 万 m²。工程由主楼、裙房两部分组成，地下室 3 层，地上裙房 12 层，塔楼 55 层，高度 313m，其中结构高度 266m。地下室采用钢骨混凝土结构体系，塔楼结构采用"钢框架＋核心筒＋伸臂桁架"结构体系，其中外围钢框架采用钢管混凝土柱＋钢梁，核心筒钢骨混凝土结构采用钢骨柱＋钢骨梁＋混凝土结构。在 27 层和 42 层设置环带桁架和伸臂桁架加强层，以提高塔楼的整体抗侧能力，伸臂桁架贯通核心筒并与核心筒墙体内的型钢柱刚性连接，图8-3所示为兰州红楼时代广场结构效果图。连接内筒外框的水平钢梁，与外围框架结构采用刚接，与核心筒采用铰接。工程抗震设防烈度为8度。

8.5.2 不等高同步攀升施工技术

根据兰州红楼时代广场塔楼外围采用钢管混凝土柱 + 钢梁、核心筒钢骨混凝土结构采用钢骨柱 + 钢骨梁 + 混凝土结构的特点，以及结构高度达到266m的实际情况，决定对塔楼结构采用不等高同步攀升施工技术。塔楼结构不等高同步攀升施工的流水节拍为：核心筒结构领先外框结构6 ~ 8层；外框钢柱领先钢梁2层，钢梁领先压型钢板3层；外框压型钢板领先楼面混凝土2 ~ 3层；核心筒内水平梁板结构与外框自承式楼板混凝土同时浇筑。普通楼层施工进度为6d/层，桁架层施工进度为25d/层。

图8-3 兰州红楼时代广场
结构效果图

核心筒采用北京卓良模板有限公司的ZPM – 100爬模体系，核心筒内外墙全爬。塔楼采用两台大型动臂式塔式起重机，1台L630 – 50动臂式塔式起重机，1台TCR6055-32动臂式塔式起重机，均为中联重科制造。两台大型动臂式塔式起重机采用外挂方式布置在核心筒外侧墙体上，动臂式塔式起重机每4层爬升一次，从开始安装到结构封顶一共爬升14次。塔楼混凝土采用一泵到顶施工技术，设置1套水平管和2套立管，上部结构混凝土采用三一重工的HBT9022CH-5D输送泵结合内径125mm、壁厚11mm的超高压混凝土输送管。外框自承式楼板混凝土采用泵管端部接软管方法进行施工。核心筒混凝土采用地泵结合三一重工 HGY18 Ⅱ 布料机施工，布料机直接安装在爬模架体上，随爬模同步爬升。

8.5.3 内外结构变形差控制技术

兰州红楼时代广场塔楼由于内筒外框荷载的差异、钢结构与混凝土材料性能不同等原因，施工期间内筒外框存在竖向变形差。通过选择合适的计算模型采用 MIDAS/

Gen软件进行施工全过程模拟分析，考虑混凝土徐变收缩和强度增长，按施工方案确定基本施工速度，伸臂桁架的腹杆在结构封顶时再进行最终固定，并假定混凝土3d后具有强度。

施工全过程模拟分析，考虑结构找平、标高补偿、分层加载，结果显示结构施工完成时边柱最大竖向变形为35.3mm，角柱最大竖向变形为28.9mm，核心筒最大竖向变形为45.9mm；核心筒的最大竖向变形大于外框架，核心筒与边柱的竖向变形差为10.6mm，与角柱的竖向变形差为17.0mm（表8-7）。外框柱的变形在结构高度方向呈鱼腹状布置，外框柱最大竖向变形值出现在中部楼层，如图8-4、图8-5所示分别为角柱竖向位移图和边柱竖向位移图，其中角柱1从46层起从直柱变为斜柱，角柱2从下到上均为直柱，边柱1为与伸臂桁架相连的边柱；核心筒的竖向变形类同于外框柱，其在结构高度方向也呈鱼腹状布置，最大竖向变形也出现在中部楼层。兰州红楼时代广场塔楼外框柱与核心筒沿高度方向的变形曲线与最大变形值的位置与深圳平安金融中心等诸多工程类同。

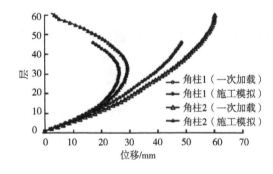 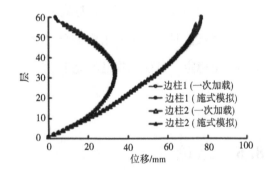

图8-4　角柱竖向位移　　　　　　　图8-5　边柱竖向位移

表8-7　兰州红楼时代广场外框柱、核心筒竖向变形峰值及变形差　（单位：mm）

序号	施工模拟	变形峰值			墙柱变形差	
		核心筒	边柱	角柱	边柱	角柱
1	施工全过程模拟	45.9	35.3	28.9	10.6	17.0
2	一次加载施工模拟	38.7	76.9	58.2	-38.2	-19.5

对施工全过程模拟计算和传统一次模拟加载计算两种方法进行了对比，传统一次模拟加载，不考虑施工找平和标高补偿，边柱的最大竖向变形为76.9mm，角柱的最大竖向变形为58.2mm，最大值位于结构顶部；核心筒的最大竖向变形值的位置与外框柱相同，也

位于结构顶部，两种不同模拟计算的角柱竖向变形曲线如图 8-4 所示。兰州红楼时代广场塔楼传统一次模拟加载的最大竖向变形值的位置以及变形曲线与徐家汇中心虹桥路地块 T1 塔楼等工程类同。

通过施工全过程模拟分析，为确保工程在实际施工过程中的结构安全，采取以下控制技术：

（1）由于本工程核心筒竖向变形大于外框柱，核心筒适当地超前施工有助于减小内筒外框的竖向变形差，通过控制内筒和外框的施工时间差达到调整竖向变形差，考虑工程实际情况，核心筒的超前施工层数控制在 6～9 层，个别时间段达到 10 层。

（2）桁架封闭固定时间越晚，外框内筒竖向变形越趋于稳定，桁架与核心筒之间产生的附加应力越小。对伸臂桁架的腹杆采用销轴暂时固定，结构封顶后对伸臂桁架进行最终固定，一定程度上减小了内筒外框竖向变形差沿楼层的累积值，减小变形差带来的附加应力。

（3）施工找平和标高补偿，将塔楼地上部分的 1～5 层、5～11 层、11～26 层、26～41 层、41～顶层划分为 5 个施工区，每个施工区调整补偿一次，对各个施工区的最上一层钢柱根据结构竖向变形值进行标高补偿。

兰州红楼时代广场采用施工全过程模拟计算并采取了相应技术措施，工程进展顺利，结构安全稳定，目前工程已经完工。

8.6 结论

混合结构的超高层建筑施工过程中内筒外框由于材料、荷载等因素产生竖向变形差，变形差过大时会导致水平构件产生附加应力、伸臂桁架拉压杆变形、竖向荷载应力重分布、墙体开裂、管线破坏等一系列问题，通过多个工程案例的施工全过程模拟计算并结合部分工程的变形监测结果表明，通过以下施工技术措施能够有效减小内筒外框变形差及变形差带来的不利影响。

（1）合理安排内筒外框不等高同步攀升施工的流水节拍，通过施工模拟计算，在确保混凝土核心筒稳定性的基础上确定核心筒超前步距。在核心筒竖向变形大于外框柱的工程中，核心筒超前施工步距越大，外框结构施工到该楼层需花费的时间越长，核心筒的收缩徐变越充分，内筒外框的竖向变形差越小。

（2）采取施工找平和标高补偿的方法进行调整内筒外框变形差带来的影响，通过调整楼层标高和竖向构件的加工长度保证楼层标高和层高达到理想值。

（3）伸臂桁架采取延迟安装、分次合龙的施工方法，伸臂桁架封闭固定时间越晚，结构变形越充分，外框内筒竖向变形越趋于稳定，桁架与核心筒之间产生的附加应力越小；靠近核心筒一侧的伸臂桁架的腹杆采用销轴临时固定，上一层伸臂桁架完成后再将下一层伸臂桁架的腹杆最终固定，结构封顶后将最上面一层伸臂桁架进行最终固定。

（4）连接内筒与外框的水平钢梁采用一端铰接一端刚接的技术措施，减小内筒外框变形差带来的不利影响。

（5）对于非结构构件与主体结构的连接可以采取柔性连接，避免幕墙等重要装饰物因为内筒外框变形差产生开裂现象。

后　序

　　本书通过四年多的努力终于与读者见面了，希望本书能为广大的建筑施工技术人员在超高层建筑施工方面提供有力的借鉴，使大家能更好地掌握每一种关键施工技术的特点与适用范围，在超高层建筑施工时能根据工程特点采用适合的技术，使建筑施工更环保、更绿色、更科学。

　　感谢北京建工集团有限责任公司原总工、国家特殊贡献专家杨嗣信正高级工程师的悉心指导与大力支持，并倾情相助，为本书写序。感谢建筑技术杂志社社长、总编彭雪飞对本书策划、创作进行了悉心指导与帮助。感谢浙江省东阳第三建筑工程有限公司对本书的支持，感谢楼群、章旭江、陈建兰、潘国华、李智慧等人对本书的支持。

金振

2020 年 7 月

参 考 文 献

[1] 刘伟，董超，徐岗，等．临地铁超深基坑复杂混凝土内支撑拆除施工技术 [J]．施工技术，2017 (6)：8-11.

[2] 胡玉银．超高层建筑施工 [M]．2版．北京：中国建筑工业出版社，2013.

[3] 周予启，杨耀辉，李文军，等．深圳平安金融中心基坑设计施工与监测 [J]．上海建设科技，2015 (1)：1-6.

[4] 胡海英，张玉成，刘惠康，等．深圳平安国际金融中心超深基坑工程实例分析 [J]．岩土工程学报，2014 (S1)：31-37.

[5] 金振，潘国华，张维炎．兰州红楼时代广场超高层关键施工技术 [J]．施工技术，2017 (7)：68-72.

[6] 周予启，任耀辉，刘卫未，等．深圳平安金融中心超深基坑混凝土支撑拆除关键技术 [J]．施工技术，2015 (1)：32-36.

[7] 程宝坪．深圳赛格广场地下室全逆作法施工技术 [J]．施工技术，1999 (8)：6-7，21.

[8] 徐磊，花力，孙晓鸣．上海中心大厦超大基坑主楼区顺作裙房区逆作施工技术 [J]．建筑施工，2014 (7)：808-810.

[9] 侯玉杰，余地华，艾心荧，等．天津高银117大厦工程直径188m圆环非对称受力支撑体系监测分析与研究 [J]．施工技术，2014 (13)：6-10.

[10] 贾宝荣．超高建筑群塔综合体钢结构关键施工技术 [J]．施工技术，2017 (7)：25-28.

[11] 杨鹭，李裘鹏，江建洪，等．某地铁深基坑顺逆结合开挖变形性状的实测分析 [J]．施工技术，2017 (16)：95-100.

[12] 黄小将，郑吉成，梁羽，等．津湾广场9号楼工程超深基坑土方开挖技术 [J]．施工技术，2017 (16)：84-87.

[13] 向俊宇，胡栋良，宋凯迪，等．长沙国金中心项目基坑工程顺作改顺逆结合施工调整优劣性分析 [J]．建筑技术，2018 (10)：1031-1033.

[14] 金振，严琦．软土地区不同深基坑支护结构形式的分析比较 [J]．施工技术，2006 (2)：41-44.

[15] 江晓峰，刘国彬，张伟立，等．基于实测数据的上海地区超深基坑变形特性研究特性分析 [J]．岩土工程学报，2010 (增刊2)：570-573.

[16] 李琳，杨敏，熊巨华．软土地区深基坑变形特性分析 [J]．土木工程学报，2007，40 (4)：66-70.

[17] 曾晓晓，郑七振，龙莉波，等．软土地区逆作法深基坑变形特性研究 [J]．岩土工程学报，2010

（增刊 2）：570-573.

[18] 王建华，徐中华，陈锦剑，等. 上海软土地区深基坑连续墙的变形特性浅析 [J]. 地下空间与工程学报，2005（4）：485-488.

[19] 俞建强. 软土地质深大基坑分区施工控制技术 [J]. 建筑施工，2018（4）：479-480.

[20] 陈耀敏. 超大深基坑施工对不同基础类型建筑物影响的控制与分析 [J]. 建筑施工，2018（7）：1119.

[21] 戴伟. 软土地区异形深基坑围护设计及施工技术研究 [J]. 建筑施工，2018（4）：476-478.

[22] 蒲洋. 白玉兰广场超大基坑分区施工技术 [J]. 建筑施工，2014（8）：898-890.

[23] 刘惠涛，吴贤国，王震. 武汉绿地中心超深超大基坑工程施工及安全控制分析 [J]. 施工技术，2014（9）：21-25.

[24] 翁其平. 沿江超深超大基坑的工程设计与实践 [J]. 建筑施工，2018（5）：631-633.

[25] 郭亮亮，刘全芝，陆志军，等. 利用缓冲区解决相邻深基坑同步开挖技术难题 [J]. 建筑施工，2015（11）：1256-1257.

[26] 刘波. 上海中心塔楼深大圆形基坑性状的实测分析 [J]. 地下空间与工程学报，2018（增刊1）：299-306.

[27] 翟文信. 上海中心大厦裙房基坑逆作法支护体系实测分析 [J]. 施工技术，2012（18）：31-34.

[28] 王旭军. 上海中心大厦裙房深大基坑工程围护墙变形分析 [J]. 岩石力学与工程学报，2012（2）：422-430.

[29] 叶建，余地华，胡佳楠，等. 天津高银 117 大厦底板钢筋施工技术 [J]. 施工技术，2016（19）：1-3.

[30] 黄贺，辜金洪，张振兴，等. 绿地中心蜀峰 468 项目超厚底板施工技术 [J]. 施工技术，2017（6）：1-7.

[31] 庞志伟，贾向辉，唐永军，等. 超厚筏板钢筋支撑施工技术 [J]. 建筑技术，2018（7）：710-712.

[32] 徐辉，刘洪刚，焦景毅，等. 超厚筏板钢管脚手架马凳支架体系施工技术 [J]. 施工技术，2016（15）：74-77.

[33] 葛乃剑，沈玉兰，谢高华，等. 上海世茂深坑酒店混凝土向下超深三级接力输送技术 [J]. 施工技术，2015（19）：2.

[34] 王洪涛，侯玉杰. 天津高银 117 大厦 C50P8 超大体积筏板混凝土施工组织创新模式及施工关键技术 [J]. 施工技术，2015（2）：22-26.

[35] 杜知博，陈省军，刘庆宇，等. 信达国际金融中心大体积混凝土底板施工技术 [J]. 施工技术，2016（9）：7-8.

[36] 周申彬，杨红岩，侯天扬，等．超厚基础底板多层大直径钢筋安装技术［J］．施工技术，2017（23）：92-94.

[37] 金振，周剑刚，潘国华．兰州红楼时代广场超厚筏板基础施工技术［J］．施工技术，2018（7）：39-42.

[38] 邓伟华，武超，周杰刚，等．武汉中心混凝土超高泵送施工技术［J］．施工技术，2015（23）：23-26.

[39] 李路明，陈喜旺，张莉，等，超高层建筑混凝土泵送施工工艺探讨［J］．建筑技术，2016（4）：335-338.

[40] 汪潇驹．超高层核心筒施工技术的研究与应用［J］．建筑技术，2018（7）：733-736.

[41] 吉卫星，韩大富，吴延，等．超高层泵送混凝土浇筑布料机选型与安置技术［J］．施工技术，2017（15）：49-53.

[42] 高振洲，自升式布料机在超高层双连体核心筒混凝土施工中的应用［J］．施工技术，2011（22）：27-29.

[43] 王冬冬，于晓野，武科，等．海控国际液压爬模综合施工技术［J］．施工技术，2011（24）：8-12.

[44] 于海申，裴鸿斌，亓立刚，等．顶模平台环境下超高层核心筒混凝土施工技术［J］．施工技术，2016（12）：75-78.

[45] 曲鹏翰，张植伟，张风超，等．天津高银117大厦混凝土超高泵送设备及泵管布置研究与应用［J］．施工技术，2016（7）：3-5.

[46] 周予启，刘卫未，王晶．天津环球金融中心工程建造关键技术［J］．施工技术，2015（11）：19-24.

[47] 潘春龙，张万实，浦东，等，沈阳宝能环球金融中心超高层建筑钢管混凝土巨柱施工技术［J］．施工技术，2018（23）：29-32.

[48] 关而道，邵泉．大型标志性超高层建筑施工新技术——越秀金融大厦［M］．北京：中国建筑工业出版社，2016.

[49] 戚金有，任常保，葛冬云，等．深圳平安金融中心巨型钢骨混凝土组合结构施工技术［J］．建筑技术，2014（6）：490-496.

[50] 龚剑，周虹．上海中心大厦结构工程建造关键技术［J］．建筑施工，2014（2）：91-101.

[51] 李彦贺，周予启，翁德雄，等．深圳平安金融中心多工序无缝衔接关键技术［J］．施工技术，2015（12）：115-118.

[52] 赖国梁，侯玉杰，李干椿，等．天津高银117大厦内外筒不等高同步攀升均衡节奏计划管理技术研究［J］．施工技术，2015（14）：12-16.

[53] 叶浩文，杨玮．广州周大福金融中心关键施工技术［M］．北京：中国建筑工业出版社，2015.

[54] 陈海涛，柯子平，裴鸿斌，等．天津周大福金融中心钢板剪力墙及巨型柱模板设计［J］．施工技术，2016（8）：22.

[55] 刘鹏，殷超，程煜，等．北京 CBD 核心区 Z15 地块中国尊大楼结构设计和研究［J］．建筑结构，2014（24）：1-8.

[56] 王淇，于建伟，邹东阳，等．外挂内爬式塔式起重机支撑系统的安装与拆除［J］．施工技术，2015（5）：7-9.

[57] 徐凯，袁渊，方道伟，等．重庆国金中心塔楼伸臂桁架施工技术［J］．施工技术，2016（8）：39-42.

[58] 曹乐，徐汉涛，曲径，等．武汉绿地中心项目应用顶升钢平台模架安装中的 BIM 应用［J］．土木建筑工程信息技术，2014（5）：38-45.

[59] 罗轩忠，郑承红，李俏，等．武汉绿地中心顶模系统公共资源管理实践［J］．施工技术，2016（10）：5-7.

[60] 张磊庆．中国尊项目智能顶升钢平台的应用［J］．建筑机械化，2015（8）：22-24.

[61] 李建友，温喜廉．超高层建筑核心筒结构外爬内支同步施工技术［J］．建筑施工，2016（2）：1672-1673.

[62] 陈汉彬，陈凯，桂芳，等．超高层建筑土建施工技术综合研究与应用［J］．施工技术，2015（21）：25-30.

[63] 唐际宇，朱和龙，裴忠义，等．特制加高型动臂塔机在超高层建筑的应用［J］．建筑机械化，2017（10）：52-54.

[64] 李在雷，周杰刚，李健强，等．武汉中心塔楼施工垂直运输创新技术［J］．施工技术，2015（23）：35-39.

[65] 吴洪章，郭青松，万利民，等．利通广场 M600D 内爬塔式起重机安装、爬升与拆除技术［J］．施工技术，2012（2）：66-69.

[66] 金振，朱云良，周剑刚．超高层建筑模架选型与应用技术［J］．施工技术，2017（14）：64-65.

[67] 巴鑫，王开强，刘晓升．超高层建筑结构施工平台液压顶升系统关键技术［J］．施工技术，2017（3）：80-84.

[68] 张航硕，姜和平，张文强．超高层建筑施工中异形全集成爬架的应用［J］．建筑施工，2017（1）：77-78.

[69] 王鸿章，张宏军，姚富成．轨道附着式超高架体钢骨混凝土巨柱爬模施工技术［J］．施工技术，2016（15）：66-68.

[70] 何昌杰，吴掌平，李璐，等．铝合金模板内支外爬体系在超高层建筑核心筒施工中的应用［J］．建

筑施工，2016（8）：1070-1072.

[71] 魏承祖，陆建飞．绿地中央广场液压爬模选型及施工关系分析［J］．施工技术，2013（14）：69-72.

[72] 扶新立，潘曦．液压爬模在郑州绿地中央广场北塔楼结构施工中的应用［J］．建筑施工，2014（5）：573-574.

[73] 邹建刚．苏州现代传媒广场办公楼核心筒爬模选型与施工［J］．施工技术，2015（22）：13-17.

[74] 吴仍辉，张永志，尤东锋．望京 SOHO 中心 T3 塔楼液压自爬模施工技术［J］．施工技术，2014（5）：47-49.

[75] 郑群，乔传颉，于戈，等．望京 SOHO 中心多体系核心筒爬模施工技术［J］．施工技术，2015（19）：34-38.

[76] 潜宇维，孙京河，顾学庆，等．超高层建筑核心筒液压爬模施工及质量控制［J］．建筑技术，2012（6）：511-514.

[77] 廖鸿，杜福祥，刘威，等．重庆国金中心低位顶升模架设计［J］．施工技术，2015（7）：17-21.

[78] 李霞，刘晓升，陈波．华润总部大厦项目凸点顶模支承系统研究与应用［J］．施工技术，2016（21）：35-38.

[79] 李江华，魏晨康，王强，等．武汉绿地中心立面曲变巨柱爬模施工技术［J］．施工技术，2017（22）：5-8.

[80] 赵阳，刘小刚，穆静波．某超高层建筑钢板剪力墙施工技术［J］．施工技术，2016（9）：1-3.

[81] 唐际宇，林忠和，唐阁威，等．南宁华润中心东写字楼核心筒水平与竖向同步施工技术［J］．施工技术，2018（4）：5-9.

[82] 唐际宇，王华平，张皆科，等．南宁华润中心东写字楼项目绿色施工创新技术［J］．施工技术，2018（18）：11.

[83] 范庆国，龚剑．华夏第一楼——上海金茂大厦主体结构的模板系统［J］．建筑施工，1998（5）：8-14.

[84] 龚剑，房霆宸，夏巨伟．我国超高建筑工程施工关键技术发展［J］．施工技术，2018（6）：19-25.

[85] 秦鹏飞，王小安，穆荫楠，等．钢梁与筒架交替支撑式整体爬升钢平台模架的模块化设计及应用［J］．建筑施工，2018（6）：919-921.

[86] 张秀凤，扶新立．超高层建筑核心筒整体钢平台模架装备跨越桁架层的施工关键技术［J］．建筑施工，2018（2）：210-212.

[87] 龚剑，佘逊克，黄玉林．钢柱筒架交替支撑式液压爬升整体钢平台模架技术［J］．建筑施工，2014（1）：47-50.

[88] 张旭乔，肖绪文，田伟，等．超高层建筑施工过程结构竖向变形的研究与现状［J］．施工技术，

2017（16）：58-63.

[89] 陈逯远，申青锋，徐磊．超高混合结构施工的竖向变形分析与控制［J］．建筑施工，2017（5）：655-656、662.

[90] 刘永策．广州东塔核心筒先于梁板施工相关问题研究［J］．施工技术，2016（10）：18-21.

[91] 夏飞，严再春，周平槐．超高层混合结构竖向变形分析与补偿方法研究［J］．建筑施工，2017（8）：1283-1284.

[92] 王化杰，范峰，支旭东，等．超高层结构施工竖向变形规律及预变形控制研究［J］．工程力学，2013（2）：298-305.

[93] 王晓蓓，高振峰，伍小平，等．上海中心大厦结构长期竖向变形分析［J］．建筑结构学报，2015，36（6）：108-116.

[94] 傅学怡，余卫江，孙璨，等．深圳平安金融中心重力荷载作用下长期竖向变形分析与控制［J］．建筑结构学报，2014，35（1）：41-47.

[95] 江涛，邹航，杨武，等．华润大厦施工模拟［J］．施工技术，2014（S2）：570-573.

[96] 王化杰．大型复杂结构施工时变特性分析与控制研究［D］．哈尔滨：哈尔滨工业大学，2012.

[97] 周建龙，闫锋．超高层结构竖向变形及差异问题分析与处理［J］．建筑结构，2007（5）：100-103.

[98] 杨学林，周平槐，徐燕青．超限高层结构设计［J］．建筑结构，2012，42（8）：42-49.

[99] 李云贵，段进，陈晓明．建筑结构仿真分析与工程实例［M］．北京：中国建筑工业出版社，2015.

[100] 度黎明，吕岩，叶建，等．天津高银117大厦水平结构施工节奏管理［J］．施工技术，2017（12）：8-11.

[101] 范重，孔相立，刘学林，等．超高层建筑结构施工模拟技术最新进展与实践［J］．施工技术，2012（7）：1-12，76.